虚拟视点
图像/视频质量度量及应用

王晓川／著

Virtual Viewpoint

Image/Video Quality Assessment and Applications

U0258409

人民邮电出版社

北 京

图书在版编目（ＣＩＰ）数据

虚拟视点图像/视频质量度量及应用 / 王晓川著. --
北京 ：人民邮电出版社，2024.8
ISBN 978-7-115-59935-3

Ⅰ．①虚… Ⅱ．①王… Ⅲ．①图像处理－研究 Ⅳ.
①TN911.73

中国版本图书馆CIP数据核字(2022)第164206号

内 容 提 要

随着 5G 技术的发展以及移动终端的普及，以基于深度图像的绘制技术为核心的 3DTV、立体视频、自由视点视频、三维场景远程绘制等图像系统逐渐得到广泛应用。这类系统的特点是服务器端仅传输稀疏的参考视点深度图像，客户端可以合成任意虚拟视点下的图像，其呈现给用户的结果称为虚拟视点图像。与传统图像的失真不同，虚拟视点图像的失真具有非一致性、局部性的特点，因此，需要给出合理、符合人的主观认知的质量度量指标，并以此来优化参考视点获取、参考视点深度图像编码与传输、虚拟视点合成等任务，从而提升图像系统的服务质量与用户体验。本书共 5 章，以虚拟视点图像/视频质量度量方法为切入点，介绍了作者在无参考虚拟视点图像/视频质量度量、虚拟视点图像质量度量的应用等方面的研究成果，并对每一研究内容，尽量给出相关重要、里程碑式的方法，以揭示技术演化的脉络，便于读者在了解虚拟视点图像/视频质量度量当前研究进展的同时把握未来的发展趋势。

本书既可作为高等学校计算机类相关专业高年级本科生及研究生的教材，也可作为机器视觉、虚拟现实相关领域从业人员的参考书。

◆ 著　　　　王晓川
　　责任编辑　刘盛平
　　责任印制　马振武

◆ 人民邮电出版社出版发行　　北京市丰台区成寿寺路 11 号
　　邮编　100164　　电子邮件　315@ptpress.com.cn
　　网址　https://www.ptpress.com.cn
　　固安县铭成印刷有限公司印刷

◆ 开本：700×1000　1/16
　　印张：12　　　　　　　　　　2024 年 8 月第 1 版
　　字数：209 千字　　　　　　　2024 年 8 月河北第 1 次印刷

定价：79.80 元

读者服务热线：(010)81055410　印装质量热线：(010)81055316
反盗版热线：(010)81055315
广告经营许可证：京东市监广登字 20170147 号

　　随着 5G 技术的发展和移动终端的普及,基于深度图像的绘制技术被广泛用于 3DTV、立体视频、自由视点视频、三维场景远程绘制等图像系统中,由此产生了虚拟视点图像这一新型可视媒体。给定参考视点下的彩色图和深度,基于深度图像的绘制技术就可以合成任意虚拟视点下的图像。与传统绘制方法相比,基于深度图像的绘制技术可以有效减少网络传输数据量,同时降低移动终端上的绘制与存储开销,有利于高真实感、高自由度图像或视频应用在中低端移动设备上。然而,参考视点对应的彩色图和深度的获取、编码、传输,以及虚拟视点合成等环节引入的失真,会影响最终呈现给用户的合成图像的视觉质量,最终降低移动终端交互式应用的用户体验。

　　图像质量度量发端于 20 世纪 80 年代,以结构相似性（structural similarity, SSIM）、盲/无参考图像空间质量评估器(blind/referenceless image spatial quality evaluator, BRISQUE）等为代表的图像质量度量指标因其能较好地反映图像的失真程度,被广泛应用于图像系统中。例如, Netflix 视频引擎里集成了 BRISQUE, 在向远程终端推送视频时,视频引擎会实时监控终端上呈现的视频质量,当视频质量因网络拥塞低于某个阈值时,可通过增加缓冲时间、调整视频分辨率、改变关键帧编码模式等策略来调节。然而,上述方法在 3DTV 等系统中尚未得到普遍应用,其主要原因有以下两点。

　　（1）虚拟视点图像与传统图像不同。在远程终端呈现时,除引入传统图像的编码与量化失真、有损传输失真,还包含了因参考视点到虚拟视点的几何变换而引入的几何失真。该类失真与传统失真,如高斯白噪声、块效应等量化失真的表现形式迥异,具有非一致性、局部性的特点。因此,传统的图像质量度量指标难以准确评估虚拟视点图像的失真程度。

　　（2）作用环节不同。在传统的图像或视频系统中,图像质量度量结果大多是控制编码量化参数，使网络传输的数据满足率失真阈值要求。3DTV 等系统除包含编码与传输环节，还包括参考视点与深度图像获取、虚拟视点合成与虚拟视点图像显示等环节。特别地，该系统编码与传输环节作用的对象不是传统的图像或视频，而是深度图像或视频，如何使用图像质量度量来优化上述环节是一个难点。

为此，本书通过分析虚拟视点图像失真的特点，介绍了无参考虚拟视点图像/视频质量度量方法，在此基础上研究虚拟视点图像质量度量的应用，并分别探索其在参考视点处理、深度图像传输以及虚拟视点合成等环节的作用。

本书共 5 章。第 1 章介绍虚拟视点图像的产生及应用、虚拟视点图像的失真特点，以及虚拟视点图像质量度量的意义；第 2 章介绍虚拟视点图像质量度量方法、国内外关于图像质量主观度量与图像质量客观度量的研究现状，以及虚拟视点图像质量度量的研究现状；第 3 章介绍无参考虚拟视点图像/视频质量度量方法的研究成果，包括基于视觉权重图的无参考图像质量度量方法、基于局部显著度的无参考虚拟视点图像质量度量方法、基于多模态特征聚合的无参考虚拟视点视频质量度量方法；第 4 章介绍虚拟视点图像质量度量的应用，包括基于虚拟视点图像质量度量的参考视点深度图像传输方法，以及基于视觉感知的无监督虚拟视点合成方法；第 5 章则对研究成果进行了总结，并对虚拟视点图像质量度量及其应用的发展做出展望。

本书主要内容是在国家自然科学基金（No.61877002）、北京市自然科学基金–丰台轨道交通前沿研究联合基金（No.L191009）的资助下完成的。本书的编写得到了北京工商大学计算机学院各级领导的大力支持与帮助，北京航空航天大学赵沁平院士、梁晓辉教授，北京工商大学李海生教授等在图书编写过程中给予了详细指导，在此表示衷心的感谢。

本书引用、借鉴和参考了上海交通大学、西安电子科技大学、法国南特大学等国内外同行专家的研究成果，在此表示衷心的感谢。

由于作者水平有限，书中不足之处敬请广大读者批评指正。

王晓川

2023 年 11 月于北京工商大学耕耘楼

目　录

本章首先从虚拟视点图像产生的原理出发，介绍虚拟视点图像的应用，然后分析虚拟视点图像的失真特点以及虚拟视点图像质量度量的意义，最后介绍全书的组织结构。

|1.1 虚拟视点图像的产生及应用|

1.1.1 基于深度图像的绘制技术

基于深度图像的绘制（depth-image-based rendering，DIBR）技术是指将参考视点的深度图像（颜色图与对应视点的深度信息），通过三维图像变换（3D image warping）合成虚拟视点的图像。DIBR 技术只利用少量参考视点深度图像便可合成任意虚拟视点，极大地提升了用户在客户端的交互自由度，因此被广泛应用在 3DTV[1]、立体视频[2]、自由视点视频（free-viewpoint video，FVV）[3]以及三维场景远程绘制[4]等图像系统中。DIBR 系统大幅增强了用户体验（quality of experience，QoE），虚拟视点图像则直接影响着用户的视觉感受。在此背景下，有关虚拟视点图像的分析与研究工作已经成为近年来图像处理领域的热点之一。与虚拟视点图像紧密相关的研究工作可大致分为以下几个环节。

（1）获取

该环节的主要目的是获取参考视点的深度图像，主要任务有参考视点预测[5-6]、最优视点选择[7]等。

（2）编码与传输

该环节的主要目的是将参考视点的深度图像编码后传输给客户端，主要任务有深度图像压缩[8-9]、深度图像传输[10-11]等。

（3）合成

该环节的主要目的是在客户端上根据用户的交互信息，实时地生成任意虚拟视点的图像，主要任务有虚拟视点合成[12-13]、虚拟视点图像增强[14-15]等。

（4）度量

该环节的主要目的是实时地评估客户端的用户视觉感知质量，并将度量结果反馈给服务器端，以此来动态控制参考视点预测策略、深度图像压缩参数等，确保用户体验。该环节的主要任务有虚拟视点图像质量度量[16-17]、虚拟视点视频质量度量[18]等。

上述环节中，直接与虚拟视点图像相关的环节是合成与度量。其中，虚拟视点图像质量度量又是整个 DIBR 系统服务质量的根本，直接影响用户体验；此外，虚拟视点图像质量度量又可反馈给 DIBR 系统的其他环节，如编码与传输、合成等。因此，本书以虚拟视点图像的质量度量为切入点，重点介绍作者及所在团队在虚拟视点图像质量度量方向的研究进展；以此为基础，介绍虚拟视点图像质量度量在 DIBR 系统其他环节的应用。

本书所指的虚拟视点图像特指由 DIBR 技术得到的虚拟视点的图像。类似地，将 DIBR 技术得到的虚拟视点的视频称为虚拟视点视频（DIBR synthesized video）。

DIBR 技术的核心算法是 McMillian 于 1997 提出的三维图像变换[19]，其原理如图 1-1 所示。

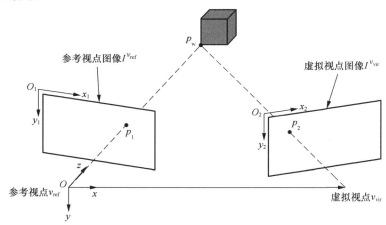

图 1-1　DIBR 技术核心算法的原理

如图 1-1 所示，已知参考视点 v_{ref} 的参考视点图像 $I^{v_{ref}}$ 和三维场景中物体到参考视点像平面的深度，通过三维图像变换，可以将参考视点图像中的像素依照深度变换到虚拟视点 v_{vir} 下，最终得到虚拟视点图像 $I^{v_{vir}}$。整个计算过程实际上遵循了多视点几何重建原理，可大致分为以下两步：首先，根据参考视点的相机参数与参考视点深度，将参考视点图像中的像素反投影（back projection）到三维空间世界坐标系中；然后，根据虚拟视点的相机参数，将反投影到三维空间中的像素重投影（reprojection）到虚拟视点像平面上，最终得到虚拟视点图像。图 1-1 中的 $Oxyz$ 即三维空间世界坐标系；$O_1x_1y_1$ 与 $O_2x_2y_2$ 则分别表示参考视点图像与虚拟视点图像的像平面。

设参考视点与虚拟视点的相机均为针孔相机，则上述两个步骤可以形式化描述为

$$Z_1\begin{bmatrix} u_1 \\ v_1 \\ 1 \end{bmatrix} = \boldsymbol{K}_1\begin{bmatrix} \boldsymbol{R}_1 & \boldsymbol{t}_1 \end{bmatrix}\begin{bmatrix} X \\ Y \\ Z \\ 1 \end{bmatrix} \tag{1-1}$$

$$Z_2\begin{bmatrix} u_2 \\ v_2 \\ 1 \end{bmatrix} = \boldsymbol{K}_2\begin{bmatrix} \boldsymbol{R}_2 & \boldsymbol{t}_2 \end{bmatrix}\begin{bmatrix} X \\ Y \\ Z \\ 1 \end{bmatrix} \tag{1-2}$$

式中，Z_1 与 Z_2 分别表示三维场景中物体到参考视点相机与虚拟视点相机的深度，$[u_1, v_1]^T$ 与 $[u_2, v_2]^T$ 分别是三维空间中任意一点 p_w 投影到参考视点像平面的像素 p_1 与虚拟视点像平面的像素 p_2 的图像坐标，$\boldsymbol{K}_1$ 与 $\begin{bmatrix} \boldsymbol{R}_1 & \boldsymbol{t}_1 \end{bmatrix}$ 分别表示参考视点相机的内参数矩阵与外参数矩阵，$\boldsymbol{K}_2$ 与 $\begin{bmatrix} \boldsymbol{R}_2 & \boldsymbol{t}_2 \end{bmatrix}$ 表示虚拟视点相机的内参数矩阵与外参数矩阵。关于相机参数矩阵的详细描述可参见文献[20]。$[X, Y, Z]^T$ 表示 p_w 在三维空间世界坐标系中的坐标。通过联立式（1-1）和式（1-2），便可得到三维图像变换方程（将参考视点图像中的像素变换到虚拟视点图像中）：

$$Z_2\begin{bmatrix} u_2 \\ v_2 \\ 1 \end{bmatrix} = \boldsymbol{K}_2\begin{bmatrix} \boldsymbol{R}_2 & \boldsymbol{t}_2 \end{bmatrix}\left(\boldsymbol{K}_1\begin{bmatrix} \boldsymbol{R}_1 & \boldsymbol{t}_1 \end{bmatrix}\right)^{-1} Z_1\begin{bmatrix} u_1 \\ v_1 \\ 1 \end{bmatrix} \tag{1-3}$$

参考视点图像与通过 DIBR 技术合成的虚拟视点图像如图 1-2 所示。其中，参考视点图像来源于微软三维视频（3D video）序列库[21]。可以看到，虚拟视点图像存在明显的不同于传统自然图像由量化编码引起的新的失真类型。以图 1-2（b）

所示为例，人物的边缘附近出现了大片空洞，严重影响视觉体验。因此，建立主客观一致的质量度量方法来恰当地表征虚拟视点图像中的失真对用户视觉感知的影响，并将虚拟视点图像质量度量方法应用于以 DIBR 为核心技术的交互式图像系统中，以提升用户体验和系统服务质量，成为学术界与工业界目前的研究热点。

（a）参考视点图像　　　　　　　　　（b）虚拟视点图像

图 1-2　参考视点图像与通过 DIBR 技术合成的虚拟视点图像

1.1.2　虚拟视点图像的应用

虚拟视点图像作为一类新型视觉信号，随着 DIBR 的交互式图像系统的发展，越来越受到学术界和工业界的关注。与自然图像相比，虚拟视点图像不需要复杂的光学仪器及成像过程；与已有的图像合成技术，如插值（interpolation）、图像变形（image morphing），基于图像的绘制（image-based rendering，IBR）等相比，DIBR 技术仅需要少量参考视点下的彩色图（color image）和深度图（depth map），便可以合成任意虚拟视点下的图像，而不需要显式的几何信息，所生成的虚拟视点图像能够保证与参考视点的几何一致性，确保用户在视点变换时的临场感。此外，将 DIBR 技术应用于三维场景远程绘制系统中，可以极大地减轻客户端的图像绘制与存储开销。更重要是，DIBR 技术支持用户与场景的三维交互，只要计算出用户交互对应的从参考视点到虚拟视点的相机变换参数矩阵，便可以实时高效地绘制出用户想要观看的图像，交互的自由度高于传统图像合成方法。此外，与传统的流媒体传输方法或者远程绘制方法相比，交互延迟大大降低。因此，DIBR 技术被广泛用于立体视频、自由视点视频、三维场景远程绘制系统中。一个典型的 DIBR 系统的工作流程如图 1-3 所示。

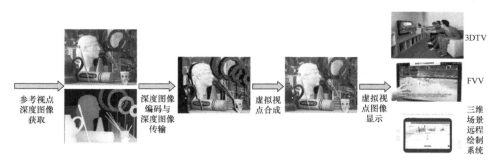

图 1-3 典型的 DIBR 系统的工作流程

如图 1-3 所示，DIBR 系统主要包括参考视点深度图像获取、深度图像编码、深度图像传输、虚拟视点合成和虚拟视点图像显示 5 个环节。

其中，参考视点深度图像获取是指通过主动采集，或由计算机绘制得到的参考视点的深度图像。在一些文献中，深度图像与深度图是同一概念。为避免歧义，本书后面中提到的深度图像特指彩色图和对应视点的深度图这一图像对（image pair）。深度图像编码与深度图像传输主要是指对参考视点深度图像压缩（即同时考虑彩色图和深度图的压缩，下同），然后通过网络传输到客户端，再进行图像重建的过程。编码环节侧重于减少冗余编码信息，传输环节则主要考虑错误隐藏等问题。不同的应用场景下，编码传输的数据格式可能有较大的差异。例如，自由视点视频将参考视点深度图像组织为深度视频，以流的方式进行编码传输；三维场景远程绘制系统则倾向于传输单帧深度图像，以保证客户端较低的交互延迟。虚拟视点合成主要基于前述三维图像变换算法。由于三维图像变换本身是对参考视点像素的一种变换，并不能推断出参考视点图像中被遮挡的像素，因此虚拟视点图像中往往存在明显的失真。常见的虚拟视点合成中往往会附加一个后处理，例如使用纹理合成（texture synthesis）[22]、图像修复（image inpainting）[23]等方法以减少虚拟视点图像中的失真。虚拟视点图像显示环节则是指将虚拟视点图像显示到观察设备，供用户观看。根据显示设备的不同，还有可能对虚拟视点图像进行分辨率适应[24]、重定位（re-targeting）[25]或是立体显示[26]等操作。

下面举例介绍一些目前学术界与工业界具有影响力的 DIBR 系统。

（1）立体视频系统

2009 年，三维电影《阿凡达》以出色的视觉效果将立体视频带入普罗大众的视野。此后，日本的松下、富士，韩国的 LG 等公司纷纷推出三维相机，丰富了立体图像/视频的采集途径。目前，三维相机价格相对昂贵，制约了立体视频数据的采集，而对单视点视频进行深度估计，再使用 DIBR 技术生成左右视点的视频，成为目前的研究热点。其中，清华大学戴琼海团队对立体视频生成技术和装置开展了长期研究，并研制出具有自主知识产权的立体视频重建装置，可以实时地实现普通二维视频的立体显示[27-29]。

（2）自由视点视频系统

立体视频虽然能够给用户以立体感，提升用户观看时的沉浸感，然而其提供的视场较小，且不具有交互性。国际标准化组织动态图像专家组自 2003 年起组织研究新一代视频系统方案，提议将自由视点视频系统作为下一代沉浸式视频系统的主要方案。2004 年，日本三菱电子研究实验室率先设计了自由视点视频系统，支持用户自由切换观察视点，从任意角度观看视频。此后，日本名古屋大学、美国斯坦福大学等又利用光场构建了具有更大视场的显示系统，用户不需要佩戴辅助设备便可切换任意视点。此外，德国弗劳恩霍夫通信技术研究所（Heinrich-Hertz Institute，HHI），以及美国微软研究院针对自由视点视频编码，以及虚拟视点合成等环节开展了研究。国内学术界，如上海大学的张兆扬团队、西安电子科技大学的石光明团队等关于自由视点视频系统的研究已经取得了一些成果。

（3）三维场景远程绘制系统

三维图像变换算法最初便是为三维场景远程绘制设计的，因而适用于远程绘制系统。Mark[19]在他的博士论文中详细阐述了 DIBR 技术的三维场景远程绘制系统的实现细节。此后，Bao 等[30-31]、Shi 等[32]分别针对 DIBR 技术的三维场景远程绘制系统中存在的虚拟视点图像失真、交互延迟等问题提出相应的改进策略，提升了 DIBR 技术的三维场景远程绘制系统的服务质量。

| 1.2　虚拟视点图像的失真特点 |

虚拟视点图像与普通二维图像的区别有以下几点。

（1）图像获取方式不同

普通二维图像的获取方式主要包括两种：一种是使用相机等直接从自然场景中采样；另一种是使用计算机绘制生成。与普通二维图像不同的是，虚拟视点图像由参考视点深度图像经过像素变换得到的。从数据源的角度来看，虚拟视点图像来源于参考视点而不是真正地从虚拟视点采样或生成的。因此，虚拟视点图像的获取方式并不完全遵守光学成像原理。

（2）编码与传输方式不同

普通二维图像主要通过离散余弦变换（discrete cosine transform，DCT）量化编码来消除帧内与帧间的冗余信息，进而达到率失真优化的目的；与普通二维图像不同的是，在 DIBR 系统中，虚拟视点图像编码与传输的对象大多数情况下是参考视点深度图像，而不是虚拟视点图像。此外，深度图像编码过程中还需要额外考虑深度图，因为深度精度对虚拟视点图像视觉质量有重要影响。

（3）显示方式不同

普通二维图像是直接呈现在屏幕上的。虚拟视点图像在最终显示之前，往往还需要经过图像增强，以消除虚拟视点图像中的失真。换言之，用户观察到的最终图像是经历了从参考视点深度图像重建、三维图像变换以及图像增强等一系列处理后的结果。

由于虚拟视点图像具有上述特点，其视觉质量的影响因素相比普通二维图像而言更为复杂。考虑虚拟视点图像最终呈现给用户前经历了参考视点深度图像获取、深度图像编码、深度图像传输、虚拟视点合成以及虚拟视点图像显示 5 个环节，每个环节都有可能引入图像误差。因此，虚拟视点图像的质量损伤是一个多因素、高耦合的复杂降质（degradation）过程，如图 1-4 所示。

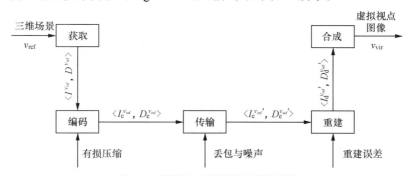

图 1-4　虚拟视点图像的复杂降质过程

式中，v_{ref} 表示参考视点，$<I^{v_{ref}}, D^{v_{ref}}>$、$<I_e^{v_{ref}}, D_e^{v_{ref}}>$、$<I_e^{v_{ref}'}, D_e^{v_{ref}'}>$ 与 $<I_d^{v_{ref}'}, D_d^{v_{ref}'}>$ 分别表示原始无损伤的参考视点深度图像、编码后的参考视点深度图像、传输后的参考视点深度图像，以及重建后的参考视点深度图像。特别地，最终得到的虚拟视点 v_{vir} 下的图像还要经过合成过程，也就是三维图像变换。

由于虚拟视点图像特有的生成过程，最终得到的图像的失真类型也与传统图像不同。

如图 1-5 所示，虚拟视点图像的特有失真类型包括空洞（holes）、裂缝（cracking）、鬼影（ghosting artifact）及拉伸（stretching）等。

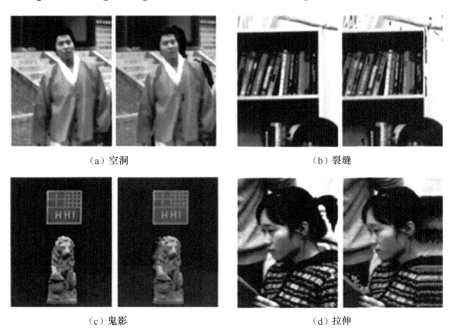

（a）空洞   （b）裂缝

（c）鬼影   （d）拉伸

图 1-5　虚拟视点图像的特有失真类型

虚拟视点图像的失真往往分布在场景中物体的边缘，如图 1-5（a）中男子身体的右侧，图 1-5（c）中石狮子的左侧等。与传统图像失真类型，如白噪声、模糊相比，虚拟视点图像中的失真具有非一致性（non-uniform）、局部性（local-structural）的特点，难以使用参数化的降质方程表示。不失一般性，将由三维视点变换（不仅仅包含三维图像变换，也包括视图插值等）引起的，与场景三维几何结构有关的图像失真统称为几何失真（geometry distortion）。与之相比，将由图像有损编码以及有损传输引入的失真定义为量化失真（quantization distortion），如高斯白噪声（white Gaussian noise，WGN）、块效应（blocking artifact）、振铃效应（ringing artifact）等。与几何失真相比，量化失真往往齐次（homogeneous）地分布在整张图像中，且可以用参数化的降质方程表示。

虚拟视点图像既包含了三维图像变换引入的几何失真，又包含了由参考视点图像有损编码与传输引入的量化失真，主要失真类型如图 1-6 所示。

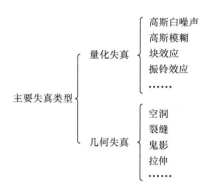

图 1-6　虚拟视点图像的主要失真类型

虚拟视点图像中的失真类型复杂且多样化，并且几何失真与量化失真存在差异，导致为传统图像设计的图像质量度量指标在虚拟视点图像数据集上的质量预测性能往往较差。近年来，已有学者通过分析几何失真，提出了新的虚拟视点图像质量度量指标。然而，现有的虚拟视点图像质量度量方法一方面依赖手工设计的特征，对几何失真的质量度量性能提升仍有较大的改进空间；另一方面则忽视了量化失真与几何失真对图像质量的综合影响。具体来说，现有的关于虚拟视点图像质量度量的研究仍面临以下困难与挑战。

（1）虚拟视点图像中几何失真的特征表示方式

虚拟视点图像中的几何失真产生的主要原因是三维场景中几何结构的改变，使在参考视点下被遮挡的像素在虚拟视点下暴露出来，进而产生空洞等严重失真。由于三维场景中的几何结构本身难以参数化表示，故虚拟视点图像中的几何失真也难以像传统图像失真（如高斯模糊等）那样使用参数化的降质方程来表示。因此，如何设计合适的面向虚拟视点图像几何失真的特征表示方式，并用其建立主客观一致的虚拟视点图像质量度量指标，成为目前的研究难点。

（2）面向实际应用中时空域复合失真的虚拟视点质量度量

在实际 DIBR 系统中，除考虑虚拟视点中的几何失真之外，还要综合考虑由参考视点深度图像编码引入的量化失真。这种复合失真既具有局部非一致性，也具备全局齐次性的特点，并有可能拓展到时空域。对这种复杂的失真情况，如何设计合理的特征表示方式，并利用所设计的特征实现无参考虚拟视点视频质量度量，以满足实际应用的需要，也是目前的研究难点。

（3）基于视觉感知的 DIBR 系统的优化

近年来，图像质量度量已被广泛用于编码、图像增强等算法的优化中，初步实现了"用户中心"的图像系统。然而，将虚拟视点图像质量度量用于 DIBR 系统的优化研究工作仍存在不足。对参考视点深度图像传输来说，如何根据虚拟视点图像的质量度量结果来优化参考视点预测与深度图像的传输策略，从而在保证用户视觉感知的前提下尽可能地减少传输开销；对虚拟视点合成来说，如何在缺少三维场景几何信息，以及虚拟视点监督信息的前提下，使用虚拟视点图像质量度量来学习一个参数化的虚拟视点合成模型，优化虚拟视点的视觉质量，均给研究工作带来了挑战。

|1.3 虚拟视点图像质量度量的意义|

虚拟视点图像质量度量是影响 DIBR 系统用户体验的主要因素，也是改进 DIBR 系统性能的前提。近年来，随着远程图像系统由技术驱动服务转为用户导向服务，虚拟视点图像质量度量除了用于对不同的参考视点图像获取、编码传输、虚拟视点合成、虚拟视点图像显示等技术手段进行评估、测试及验证，更重要的是能够对 DIBR 系统各环节（如参考视点预测、深度图像编码、深度图像传输等）的性能起到优化作用。目前，DIBR 系统主要使用传统图像质量度量方法，通过数学和计算机的方法，建立与人的主观质量评分一致的客观度量模型，预测虚拟视点图像失真程度，进而应用于深度图像压缩编码等环节。然而，与传统自然图像相比，虚拟视点图像具有失真类型多样、失真因素复杂等问题。将传统图像质量度量方法直接应用于深度图像压缩编码等环节时，容易导致最终呈现给用户的虚拟视点图像的视觉质量不佳。目前，关于虚拟视点图像质量度量的研究方兴未艾，尚缺乏比较成熟的评价指标以及相应的质量评价数据集。

虚拟视点图像质量度量主要应用于参考视点预测、深度图像编码、深度图像传输等环节。此外，虚拟视点图像质量度量还可用于虚拟视点图像的视觉增强。例如，通过在客户端实时度量虚拟视点图像的质量，一旦度量结果低于预设的阈值，便通知服务器端更改深度图像编码的量化步长，以此来提升最终虚拟视点图像的视觉效果；又如，利用虚拟视点图像质量度量来引导虚拟视点的合成过程，包括但不限于深度估计精度的提升、空洞填补效果的提升、虚拟视点图像失真的消除等。上述研究尚未完全展开，且尚未被广泛应用于 DIBR 系统中。

1.4 本书组织结构

本书主要内容是在国家自然科学基金（No.61877002）、北京市自然科学基金-丰台轨道交通前沿研究联合基金（No.L191009）的资助下完成的。项目的研究目标是针对移动终端资源有限的特点，设计能支持多终端、高交互性与低交互延迟的三维场景远程绘制引擎，在确保用户交互延迟与绘制帧率的前提下，尽可能地减少移动终端的资源消耗以及网络传输开销。

考虑要在有限资源的移动终端上实现真实感的绘制，并支持用户灵活的交互方式，本书选用 DIBR 技术作为设计三维场景远程绘制引擎的关键技术。在设计的引擎中，服务器端从复杂的三维场景中绘制得到参考视点深度图像，根据用户交互动态地向客户端传输深度图像。客户端根据接收到的深度图像合成虚拟视点图像。DIBR 技术只需少量参考视点深度图像便可合成任意虚拟视点，计算耗时较短，传输开销较低，因而支持在中低端移动设备上的复杂三维场景交互式应用。然而，虚拟视点图像存在的几何失真等会影响用户的视觉感知。因此，建立主客观一致的虚拟视点图像质量度量模型，并将其用于参考视点深度图像传输以及虚拟视点合成等环节的控制与优化，对提升 DIBR 系统的用户体验与系统服务质量有重要作用。

近年来，作者及所在的团队围绕资助项目开展虚拟视点质量度量方面的研究，下面主要介绍相关工作进展。

（1）虚拟视点图像质量度量

虚拟视点图像中存在的几何失真，如空洞、裂缝、鬼影、拉伸等，主要分布在物体边缘以及图像的边界，具有非一致性、局部性等特点。传统图像质量度量方法很难准确反映几何失真对图像质量的影响。现有虚拟视点图像质量度量方法虽然取得了较好的预测性能，但是依赖手工设计的特征，计算复杂度较高。

围绕虚拟视点图像失真的特点，本书介绍 3 种不同的虚拟视点图像质量度量方法。根据视觉敏感度机制，提出一种基于视觉权重图的无参考图像质量度量方法，该方法主要为局部失真而设计；通过观察视觉局部显著度现象，提出了一种基于局部显著度的无参考虚拟视点图像质量度量方法，该方法主要为几何失真而设计；通过分析虚拟视点视频特征表示方式，提出一种基于多模态特征聚合的无参考虚拟视点视频质量度量方法，该方法主要为时空域复合失真而设计。

（2）虚拟视点图像质量度量的应用

现有虚拟视点图像质量度量的应用仍遵循技术主导的设计理念，关注深度图像传输开销与虚拟视点绘制开销，对最终呈现给用户的虚拟视点图像的质量考虑不足。本书将虚拟视点图像无参考质量度量应用于 DIBR 系统的不同环节，试图在保证用户视觉感知质量的前提下尽可能地提升用户体验与系统服务质量。

本书共 5 章，除本章作为全书的概述之外，第 2～4 章分别论述了虚拟视点图像质量度量的理论研究现状、无参考虚拟视点图像/视频质量度量方法的研究进展，以及虚拟视点图像质量度量应用的研究成果。第 5 章总结了目前取得的研究成果，并给出了目前研究存在的问题和未来研究的方向。

│参考文献│

[1] FEHN C, WOODS A J, MERRITT J O, et al. Depth-image-based rendering (DIBR), compression and transmission for a new approach on 3D-TV[C]// SPIE Electronic Imaging 2004. Bellingham, USA: SPIE, 2004(5291): 93-104.

[2] AKELEY K, WATT S J, GIRSHICK A R, et al. A stereo display prototype with multiple focal distances[J]. ACM Transactions on Graphics, 2004, 23(3): 804-813.

[3] SMOLIC A, MUELLER K, MERKLE P, et al. Free viewpoint video extraction, representation, coding, and rendering[C]//2004 International Conference on Image Processing. Piscataway, USA: IEEE, 2004(5): 3287-3290.

[4] SHI S, NAHRSTEDT K, CAMPBELL R. A real-time remote rendering system for interactive mobile graphics[J]. ACM Transactions on Multimedia Computing, Communications, and Applications, 2012, 8(3s): 1-20.

[5] ZHANG C, LI J. Compression of lumigraph with multiple reference frame (MRF) prediction and just-in-time rendering[C]//2000 IEEE Data Compression Conference. Piscataway, USA: IEEE, 2000: 253-262.

[6] SCHWARZ H, WIEGAND T. Interview prediction of motion data in multiview video coding[C]//2012 Picture Coding Symposium. Piscataway, USA: IEEE, 2012: 101-104.

[7] DEINZER F, DENZLER J, DERICHS C, et al. Aspects of optimal viewpoint selection and viewpoint fusion[C]//Asian Conference on Computer Vision. Heidelberg, Berlin: Springer, 2006: 902-912.

[8] CHAI B B, SETHURAMAN S, SAWHNEY H S, et al. Depth map compression for real-time view-based rendering[J]. Pattern Recognition Letters, 2004, 25(7): 755-766.

[9] GAUTIER J, LE MEUR O, GUILLEMOT C. Efficient depth map compression based on lossless edge coding and diffusion[C]//2012 Picture Coding Symposium. Piscataway, USA: IEEE, 2012: 81-84.

[10] CHAI B B, SETHURAMAN S, SAWHNEY H S. A depth map representation for real-time transmission and view-based rendering of a dynamic 3D scene[C]//First International Symposium on 3D Data Processing Visualization and Transmission. Piscataway, USA: IEEE, 2002: 107-114.

[11] HEWAGE C T E R, MARTINI M G. Reduced-reference quality metric for 3D depth map transmission[C]//2010 3DTV-Conference:The True Vision-Capture, Transmission and Display of 3D Video. Piscataway, USA: IEEE, 2010: 1-4.

[12] STARCK J, HILTON A. Virtual view synthesis of people from multiple view video sequences[J]. Graphical Models, 2005, 67(6): 600-620.

[13] AHN I, KIM C. A novel depth-based virtual view synthesis method for free viewpoint video[J]. IEEE Transactions on Broadcasting, 2013, 59(4): 614-626.

[14] LEI J, ZHANG C, FANG Y, et al. Depth sensation enhancement for multiple virtual view rendering[J]. IEEE Transactions on Multimedia, 2015, 17(4): 457-469.

[15] RAHAMAN D M M, PAUL M. A novel virtual view quality enhancement technique through a learning of synthesised video[C]//2017 International Conference on Digital Image Computing: Techniques and Applications. Piscataway, USA: IEEE, 2017: 1-5.

[16] BATTISTI F, BOSC E, CARLI M, et al. Objective image quality assessment of 3D synthesized views[J]. Signal Processing: Image Communication, 2015(30): 78-88.

[17] LI L, ZHOU Y, GU K, et al. Quality assessment of DIBR-synthesized images by measuring local geometric distortions and global sharpness[J]. IEEE Transactions on Multimedia, 2017, 20(4): 914-926.

[18] LIU X, ZHANG Y, HU S, et al. Subjective and objective video quality assessment of 3D synthesized views with texture/depth compression distortion[J]. IEEE Transactions on Image Processing, 2015, 24(12): 4847-4861.

[19] MARK W R, MCMILLAN L, BISHOP G. Post-rendering 3D warping[C]//1997 Symposium on Interactive 3D Graphics. New York: ACM, 1997: 7-16.

[20] ZHANG Z. A flexible new technique for camera calibration[J]. IEEE Transactions on Pattern Analysis and Machine Intelligence, 2000, 22(11): 1330-1334.

[21] VETRO A, YEA S, SMOLIC A. Toward a 3D video format for auto-stereoscopic displays[C]//

Applications of Digital Image Processing XXXI. Bellingham, USA: SPIE, 2008(7073): 113-122.

[22] EFROS A A, FREEMAN W T. Image quilting for texture synthesis and transfer[C]//28th Annual Conference on Computer Graphics and Interactive Techniques. New York: ACM, 2001: 341-346.

[23] BERTALMIO M, SAPIRO G, CASELLES V, et al. Image inpainting[C]//27th Annual Conference on Computer Graphics and Interactive Techniques. New York: ACM, 2000: 417-424.

[24] HU Y, CHIA L T, RAJAN D. Region-of-interest based image resolution adaptation for mpeg-21 digital item[C]//12th Annual ACM International Conference on Multimedia. New York: ACM, 2004: 340-343.

[25] LIU F, GLEICHER M. Automatic image retargeting with fisheye-view warping[C]//18th Annual ACM Symposium on User Interface Software and Technology. New York: ACM, 2005: 153-162.

[26] AKELEY K, WATT S J, GIRSHICK A R, et al. A stereo display prototype with multiple focal distances[J]. ACM Transactions on Graphics, 2004, 23(3): 804-813.

[27] WU C, ER G, XIE X, et al. A novel method for semi-automatic 2D to 3D video conversion[C]// 2008 3DTV Conference: The True Vision-Capture, Transmission and Display of 3D Video. Piscataway, USA: IEEE, 2008: 65-68.

[28] CAO X, LI Z, DAI Q. Semi-automatic 2D-to-3D conversion using disparity propagation[J]. IEEE Transactions on Broadcasting, 2011, 57(2): 491-499.

[29] YAN T, LAU R W H, XU Y, et al. Depth mapping for stereoscopic videos[J]. International Journal of Computer Vision, 2013, 102(1): 293-307.

[30] BAO P, GOURLAY D. Remote walkthrough over mobile networks using 3-D image warping and streaming[J]. IEEE Proceedings-Vision, Image and Signal Processing, 2004, 151(4): 329-336.

[31] BAO P, GOURLAY D. A framework for remote rendering of 3-D scenes on limited mobile devices[J]. IEEE Transactions on Multimedia, 2006, 8(2): 382-389.

[32] SHI S, NAHRSTEDT K, CAMPBELL R. A real-time remote rendering system for interactive mobile graphics[J]. ACM Transactions on Multimedia Computing, Communications, and Applications, 2012, 8(3s): 1-20.

第 2 章

虚拟视点图像质量度量的理论研究现状

虚拟视点图像质量度量发端于图像质量度量。而图像质量度量又与人类视觉系统以及相关的认知理论息息相关。图像质量度量的理论模型来源于马尔的视觉理论，并且伴随着视觉理论的发展而持续改进。本章首先从图像质量度量理论出发，介绍虚拟视点图像质量度量理论，然后分别介绍近年来图像质量度量在主观与客观评价方法上的进展，最后聚焦虚拟视点图像，介绍虚拟视点图像质量度量的最新进展。

2.1 图像质量度量方法概述

21 世纪以来，作为信息表达与交流的工具，数字图像获得了广泛应用。有调查显示：在 2001 年，83%的信息是通过视觉被人们获取的。对人来说，视觉信息是人类认识世界的最有效方式。然而，不管是经过处理的数字图像，还是未经处理的数字图像，其质量仍难称完美，在图像采集、分析、传输、处理和重建过程中，都很容易发生失真现象。为了保持、控制和增强图像质量，对于基于图像的系统来说，在图像采集、管理、传输和处理等环节，能够识别和量化图像质量等级就显得非常重要。为达到这一目的，有必要开发高效的图像质量自动评价系统。

在大多数基于图像的系统中，人是最终的接收者，所以最可靠的图像质量评价方法应该是主观评价方法。目前为学术和工业界所认可的，基于大量观察者评分的平均意见得分（mean opinion score，MOS）被认为是对图像质量进行评价的最佳方法。然而，平均意见得分获取的代价高昂且耗时高，难以应用于实际。

图像质量度量使用数学和计算机的方法，设计一个计算模型来自动、精确地预测图像质量，并且该模型预测的结果与人类主观评价相吻合。从主观感知的角度来看，图像质量是人类视觉系统（human vision system，HVS）对获取到的视觉信息的综合反应。

　　如图 2-1 所示，人类视觉系统处理图像的基本流程分为光学处理（optical processing）、视网膜处理（retinal processing）、外膝体处理（lateral geniculate nucleus，LGN）和视皮质处理（cortical processing）4 个阶段。在第一阶段，图像以可见光的形式通过眼睛的光学系统投射到眼球后部的视网膜上，从而形成视网膜图像。光学系统总体上是线性的，具有平移不变性和低通特性。因此，形成的视网膜图像的质量可大致描述为输入视觉图像和一个模糊点扩散函数（point spread function，PSF）的卷积。视网膜由多层神经元组成，包括负责正常光强条件下视觉成像的锥细胞和负责弱光条件下视觉成像的杆细胞等。在视网膜上编码的信息通过光学神经传送到外膝体，然后传送到视皮质（包含初级视皮质和纹外皮质）上。外膝体主要是左、右眼信息融合的地方。在视皮质中，初级视皮质（V_1 层）直接与外膝体相连，其包含的神经元用特定空间位置、频率和方向调节视觉刺激；纹外皮质包括 V_2、V_3、V_4、V_5/MT、V_6 等层，用来感知方向、颜色、运动和深度等，其处理输入信号的机理还不是很明确。

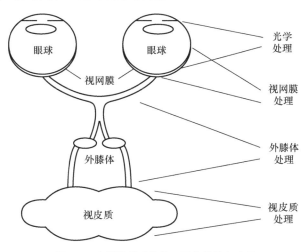

图 2-1　人类视觉系统处理图像的基本流程

　　从客观计算的角度来看，图像质量是原始图像（真实图像）退化程度的量化，图像的降质模型一般可表示为

$$g(x,y) = h(x,y) \times f(x,y) + n(x,y) \tag{2-1}$$

式中，$f(x,y)$ 是原始图像；$g(x,y)$ 是失真图像；$h(x,y)$ 是影响图像质量的因素；$n(x,y)$ 则代表随机误差。对于虚拟视点图像来说，其在 DIBR 系统中经历了参考视点深度图像获取、深度图像编码、深度图像传输以及虚拟视点合成等环节。

对给定场景，在参考视点 v_{ref} 下获取到的深度图像可表示为一对颜色图和深度图 $<I^{v_{\text{ref}}},D^{v_{\text{ref}}}>$，经过编码、传输和解码后得到的深度图像可表示为 $<I_{\text{d}}^{v_{\text{ref}}'},D_{\text{d}}^{v_{\text{ref}}'}>$，再通过下面的三维图像变换方程合成虚拟视点 v_{vir} 下的虚拟视点图像。

$$I^{v_{\text{vir}}} = \text{warping}\left(<I_{\text{d}}^{v_{\text{ref}}'},D_{\text{d}}^{v_{\text{ref}}'}>,v_{\text{ref}} \to v_{\text{vir}}\right) \tag{2-2}$$

虚拟视点图像质量度量的目标是即建立主客观质量一致的模型：

$$Q\left(I^{v_{\text{vir}}}\right) \propto Q^{\text{HVS}} \tag{2-3}$$

根据客观图像质量度量方法设计中使用的知识——原始图像的知识、失真处理的知识以及关于人类视觉系统的知识，可以将已有的图像质量度量方法归纳为不同类别。

（1）根据使用原始图像知识的多寡，图像质量度量方法可分为全参考图像质量度量（full-reference image quality assessment，FRIQA）、部分参考图像质量度量（reduced-reference image quality assessment，RRIQA）以及无参考图像质量度量（no-reference image quality assessment，NRIQA）。全参考图像质量度量假定无失真参考图像存在并且可以被获取，以评估失真图像与参考图像的相似性或保真度；当图像质量度量系统不能或难以获取参考图像时，所使用的方法即为无参考图像质量或盲图像质量度量；当不直接提供参考图像，而是从参考图像中提取一定的特征并将其作为边信息（side information）来帮助评价失真图像的质量时，该方法即为部分参考图像质量度量。

（2）基于不同的应用范围，图像质量度量方法可分为面向通用的图像质量度量与面向特定应用的图像质量度量。前者不预设失真类型，常常采用"一般"特征或者关于人类视觉系统的假设条件来设计；后者则针对图像处理过程引起的特定失真（如由基于分块的离散余弦变换图像压缩引起的块效应）来设计。

（3）根据构建质量度量模型模拟人类视觉系统的不同思想，图像质量度量方法又可分为自底向上的方法和自顶向下的方法。自底向上的方法研究人类视觉系统中每个部件的功能，模拟其生物学特征，然后将它们组合在一起，构造出一个功能与人类视觉系统相一致的计算系统；自顶向下的方法则是对整个人类视觉系统的函数做出假设。假设函数的实现可能与人类视觉系统的实现完全不同，只是将人类视觉系统看作是一个黑盒，只关心其输入和输出。随着样本数据的增加，自顶向下的方法有可能提供更简单、更有效的解决方案。

本书针对第一种分类方法，首先介绍图像质量主观度量方法，以及现有的图像质量主观评分数据集；然后按照使用原始图像知识的多寡，分别介绍全参考、部分参考和无参考图像质量度量方法；最后介绍国内外有关虚拟视点图像质量度量方法的最新进展。

| 2.2　图像质量主观度量 |

2.2.1　图像质量主观评测方法

2002 年，视频质量专家组（video quality expert group，VQEG）发布了图像质量主观评测方法。根据评测过程和基准（benchmark）不同，图像质量主观评测方法可分为 3 类：双刺激法（double stimulus，DS）、单刺激法（single stimulus，SS）和对比刺激法（stimulus comparison，SC）。

1. 双刺激法

双刺激法是指在测试环境中，受试者通过对比参考图像（大多数情况下是指原始图像）和待测图像之间的差异来评价图像质量的主观评测方法。根据测试细节不同，双刺激法可进一步分为双刺激损害量表（double stimulus impairment scale，DSIS）、双刺激连续质量量表（double stimulus continuous quality scale，DSCQS）和同时双刺激连续评价（simultaneous double stimulus for continuous evaluation，SDSCE）。对双刺激损害量表和双刺激连续质量量表，受试者首先看到的是参考图像，然后是待测图像。对同时双刺激连续评价，参考图像和待测图像会同时呈现给受试者。双刺激损害量表使用 5 级量表评价图像质量：1 代表图像质量最差，5 代表图像质量最好，如表 2-1 所示；双刺激连续质量量表和同时双刺激连续评价则使用[0,100]的数值来量化图像质量。

表 2-1　图像质量主观评测的 5 级量表

评分等级	标准
5	不可察觉的失真
4	可察觉的失真，但不讨厌
3	稍微讨厌
2	讨厌
1	很讨厌

2. 单刺激法

与双刺激法不同，单刺激法并不需要参考图像。受试者利用自己的知识和先验对待测图像做出评价。一般认为，单刺激法更符合人类认知习惯，同时比双刺激法省时。单刺激法又可分为形容词范畴判断（adjective categorical judgment）、数值范畴判断（numerical categorical judgment）、非范畴判断（non-categorical judgment）和性能判断（performance judgment）。

在形容词范畴判断中，有若干形容词可用于描述图像质量，受试者要求从中选择最合适的形容词来描述对待测图像的视觉感知。在数值范畴判断中，数值分数取代了形容词。对于非范畴判断，受试者被要求为每张待测图像打分，分数通常是连续量化级别的。在分数量化级别的两端给出语义标签，代表图像质量的两端。通常，将受试者评分到两端的距离转化为受试者对图像质量级别的评测。性能判断是根据特定视觉任务设计的图像质量主观评测方法，如寻找目标、理解文本、识别物体等。视觉任务不同，性能判断方法也会不同。例如，文本阅读速度、物体识别准确率等都可以用来描述图像质量。

3. 对比刺激法

对比刺激法是指两张图像都呈现给受试者，由受试者决定两张图像之间关系的图像质量主观评测方法。对比刺激法可进一步分为形容词范畴判断、非范畴判断、性能判断等。

在形容词范畴判断中，受试者被要求选出最能描述两张图像关系的形容词，如"更差""稍差""相同""稍好"等。在非范畴判断中，受试者要求对两张图像的关系打分，根据打分机制，又可分为连续量化和绝对连续量化。连续量化与单刺激的非范畴判断相似，首先给出一条描述图像相关关系的数值量化线，两端分别用语义标签表示两种极端关系，受试者在数值量化线上选择的点到线的两端的距离转化为对图像对关系的量化评价；绝对连续量化与连续量化相比，没有给出两端的约束。所有的对比刺激法结果还要通过分析和集成得到最终的图像质量主观分数。

与单刺激法类似，对比刺激法也可根据特定视觉任务设计性能判断。此外，视频质量专家组还给出了主观评价时测试环境、材料、受试者、测试流程、数据处理等各方面的建议。

2.2.2 图像质量主观评分数据集

图像质量主观评分（如平均意见得分）被认为是最符合人类视觉感知的图像质量度量结果。因此，建立图像质量主观评分数据集成为图像质量度量研究工作的出发点和基础。2003 年，美国得克萨斯大学奥斯汀分校图像与视频工程实验室（Laboratory for Image and Video Engineering，LIVE）公开了 LIVE 图像质量主观评分数据集[1]。首批公开的数据包括 29 张高分辨率的原始 RGB 图像，以及对应的175 张 JPEG 格式的压缩图像和 169 张 JPEG 2000 格式的压缩图像。第二批公开的数据包括 145 张白噪声（white noise，WN）、145 张高斯模糊（Gaussian blurred，GB）和 145 张快速衰减（fast fading，FF）瑞丽通道噪声图像。目前，LIVE 图像质量主观评分数据集共有 982 张失真图像，覆盖 5 种失真类型，每张图像均对应一个平均意见得分值。

2008 年，乌克兰国立航空大学提供了坦佩尔图像数据集（Tampere image database，TID）TID2008[2]。该数据集包含 1700 张失真图像，25 张原始图像。所有图像均经过 654 位受试者做出主观评分。2013 年，他们将数据集 TID2013 扩大到3000 张失真图像，覆盖 24 种失真类型，包括高斯白噪声、高频噪声（high frequency noise，HFN）、脉冲噪声（impulse noise，IN）、量化噪声（quantization noise，QN）、JPEG 传输误差、局部图像块亮度失真（local block-wise distortions of different intensity，LBD）、亮度偏移（intensity shift，IS）、对比度变化（contrast change，CC）、颜色饱和度改变（change of color saturation，CCS）、稀疏采样与重建误差（sparse sampling and reconstruction，SSR）等[3]。

2010 年，美国俄克拉荷马州立大学计算感知和图像质量实验室（Computational Perception and Image Quality Laboratory）进行了图像质量主观评测，由 35 位受试者对超过 5000 张图像进行评估。在该实验的基础上，提供了分类主观图像质量（categorical subjective image quality，CSIQ）数据集[4]。CSIQ 数据集包含 30 张原始图像和 866 张对应的失真图像，覆盖了 6 种失真类型，包括 JPEG 压缩、JPEG 2000

压缩、加性高斯白噪声、高斯模糊、全局对比度衰减、白噪声等。

尽管以上数据集包含了足够多的测试图像和失真类型,但大部分待测图像中只有单一失真类型。为更符合人类自然习惯,LIVE 提出了多失真数据集 LIVEMD[5]。LIVEMD 包含两种混合失真类型:高斯模糊伴随 JPEG 压缩,以及高斯模糊伴随白噪声。

除以上 4 个主流数据集,还有一些小型数据集,如 A57、IVC、MICT、WIQ等。它们或因为待测图像数量太少,或因覆盖失真类型不足,逐渐不被研究者使用。图 2-2 所示为 4 种图像质量主观评分数据集原始图像样例。

（a）LIVE II　　　　　　　　　　　　　（b）TID2013

（c）CSIQ　　　　　　　　　　　　　（d）IVC

图 2-2　4 种图像质量主观评分数据集原始图像样例

近几年,随着图像质量度量从静态单张图像向时域连续的视频扩展,出现了一系列视频质量主观评分数据集。LIVE 提供了视频质量数据集 LIVE（V）[6],包含 150 个失真视频片段、10 个原始视频片段,覆盖 4 种失真类型,包括 MPEG-2压缩、H.264 压缩、H.264 压缩比特流通过错误隐藏的 IP 网络模拟传输,以及 H.264压缩比特流通过错误隐藏的无线网络模拟传输。38 位受试者通过单刺激法做出主观评估,得到差异平均意见得分（differential mean opinion score,DMOS）。香港中文大学图像和视频处理实验室提供了高清视频主观数据集 IVP,包含 128 个失真视频片段,视频分辨率达到 1920 像素×1080 像素,覆盖 H.264 压缩、MPEG-2 压缩、狄拉克编码（Dirac coding）和 IP 网络错误失真。42 位受试者以单刺激法得到差异平均意见得分。视频质量专家组公开了 VQEG FR-TV Phase（包含两个标准电视视频数据集，使用双刺激连续质量量表获取主观评分）以及 HDTV Phase（包含 5 个高清电视视频数据集，使用单刺激法获取主观评分）。其他视频质量主观评分数据集还有 MMSP、NYU 等。目前，视频质量主观评分数据集覆盖的失真类型较少，完善程度尚不及图像质量主观评分数据集。

以上图像或视频质量主观评分数据集所针对的均是传统自然图像或视频。随着图像和视频处理技术的发展，新型视觉信号，如立体图像/视频、全景图像/视频，和本书研究的虚拟视点图像，均需要建立各自的质量主观评分数据集，以满足质量度量研究的需要。对虚拟视点图像，法国南特大学公开了包含 96 张静态虚拟视点图像，以及相应的主观评分的 IRCCyN/IVC 虚拟视点图像数据集[7]。该数据集包含 12 张原始图像，以及 84 张由参考视点深度图像合成的虚拟视点图像。其中，虚拟视点图像中的空洞使用 7 种不同的空洞填补方法进行增强。主观评分分别采用（ITU-R　BT.500-13 建议书）单刺激法 ACR-HR 和对比刺激法获得。此外，南特大学还公开了 IRCCyN/IVC 虚拟视点视频数据集[8]，该数据集包含 102 个虚拟视点视频片段，以及使用 ACR-HR 得到的平均意见得分。和 IRCCyN/IVC 虚拟视点图像数据集类似，该数据集使用 7 种不同的空洞填补方法对虚拟视点视频中的每一帧进行增强。南特大学的 IRCCyN/IVC 虚拟视点图像/视频数据集关注的是虚拟视点图像/视频在空洞填补方面的表现，未考虑图像/视频编码传输等环节引入的失真，待测图像样本数量较少。

表 2-2 所示为近年来图像/视频质量主观评分数据集及其主要指标。

表 2-2　近年来图像/视频质量主观评分数据集及其主要指标

数据集	数据类型	原始图像数/个	失真图像数/个	失真类型/种	有无多类型失真
A57	灰度图	3	54	6	无
IVC	灰度图	10	235	4	无
LIVE	图像	29	982	5	无
LIVEMD	图像	15	450	2	有
TID2008	图像	25	1700	17	无
TID2013	图像	25	3000	24	无

数据集	数据类型	原始图像数/个	失真图像数/个	失真类型/种	有无多类型失真
CSIQ	图像	30	866	6	无
LIVE(V)	视频	10	150	4	无
NYU-3	视频	6	180	4	无
VQEG-HD	视频	49	740	75	无
IRCCyN/IVC 虚拟视点图像数据集	虚拟视点图像	12	84	1	无
IRCCyN/IVC 虚拟视点视频数据集	虚拟视点视频	8	102（30 帧/s）	1	无

2.3　图像质量客观度量

2.3.1　全参考图像质量度量

全参考图像质量度量是指在建立图像质量预测模型时，利用原始图像的相关知识来预测失真图像的质量，属于图像质量度量领域较为成熟的一个分支。已有的全参考图像质量度量方法可以追溯到 1970 年左右的像素均方误差（mean square error，MSE）。均方误差计算失真图像和原始图像逐一像素误差的平方和，与另一个相关的质量度量模型峰值信噪比（peak signal to noise ratio，PSNR）主导了近代图像处理的研究。MSE 和 PSNR 的换算关系为

$$PSNR = 10\lg\frac{L^2}{MSE} \tag{2-4}$$

式中，L 为图像像素亮度允许的动态范围，对灰度图来说，$L=2^8-1=255$。然而，均方误差在度量图像质量时往往与人的主观感知不一致。图 2-3（a）所示为原始图像，图 2-3（b）所示为 8 种不同失真类型的失真图像。从人的主观感知来看，这 8 张失真图像的质量是不同的。然而，它们的均方误差却是完全相等的。

（a）原始图像 　　　　　　　　（b）8种不同失真类型的图像

图 2-3　原始图像和对应的 8 种失真图像

为解决均方误差等传统图像质量度量方法与人的主观感知不一致的问题，研究者提出了一系列全参考图像质量度量方法。根据图像质量度量模型建立的思想不同，全参考图像质量度量方法可大致分为自底向上的方法和自顶向下的方法。

1. 自底向上的方法（基于人类视觉系统误差）

自底向上的方法的主要指导思想是通过分析人类视觉系统特性，使用结构化的方法建立一个模拟人类视觉系统的度量模型。具体来说，所使用的人类视觉系统特性包括对比度敏感函数（contrast sensitivity function，CSF）、光适应性（light adaptation）、对比度掩蔽效应（contrast masking effect）、中央窝视觉（foveal vision）、视觉暂留效应（visual staying effect）等。

图 2-4 所示为自底向上的全参考图像质量度量的基本思路：结合已知的人类视觉系统特性，量化参考图像和失真图像之间的误差（差异）强度。

图 2-4　自底向上的全参考图像质量度量的基本思路

在预处理阶段，最常用的操作包括空间配准、颜色空间转换、逐点非线性变换、点扩展函数滤波、点云地面点滤波等。空间配准的目的是通过旋转、平移等，使参考图像和失真图像之间建立点到点的一一对应关系；颜色空间转换往往是将图像转换到与人类视觉系统特性关联的空间，如对亮度敏感的 YCbCr 色彩空间；逐点非线性变换主要是压缩高动态图像的亮度范围；点扩展函数滤波和点云地面点滤波则分别模拟人类视觉系统的点扩散模糊和对比度敏感特性。

模拟主视皮质的调谐过程时，将预处理后的图像分解为多个通道，常用的图像通道分解方法包括傅里叶分解、小波分解、基于块的离散余弦变换、离散小波变换、极坐标离散小波变换和拉普拉斯金字塔分解等。

通道分解的结果包括参考图像和失真图像的两组系数，然后使用对比度归一化对误差进行标准化。最后，将标准化后的误差汇聚为质量度量方法。

下面列举近年来基于人类视觉系统的自底向上全参考图像质量度量模型，这些模型均采用了上述方法架构。

（1）Daly 模型[9]

该模型也称视觉差异检测，用于判断两幅图像之间的细微差别是否能够被识别的概率。输出结果是失真图像和参考图像之间的探测概率图。Daly 模型遵循上述预处理流程，在通道分解时使用优化的 Watson 皮质变换将图像信号分解到 5 个空间层和 6 个方向，然后通过计算每个通道内的对比度得到阈值提升图。

（2）Lubin 模型[10]

该模型通过估计参考图像和失真图像之间的差异的检测概率来获得图像的质量评价。首先使用低通点扩展函数对图像进行滤波，并按照视网膜采样模式对滤波后的图像进行重采样；然后利用拉普拉斯金字塔分解将图像分为 7 层，并进行限带对比度计算；最后对分解的信号进行归一化，使用闵可夫斯基度量全方位汇聚结果。

（3）Safranek-Johnson 模型[11]

该模型是为感知图像的编码而设计的，使用广义正交镜像滤波器（generalized quadrature mirror filter，GQMF）对图像进行分解变换，将频率空间平均分为 16 个子带，每个子带使用图像的噪声敏感度计算基准因子，同时考虑空间邻域的能量，计算出掩模因子。将基准因子和掩模因子相乘并归一化，并使用闵可夫斯基度量综合得到评价结果。

（4）Teo-Heeger 模型[12]

该模型使用一个十六进制的正交镜像滤波器（quadrature mirror filter，QMF）变换对图像进行预处理，然后采用拉普拉斯金字塔分解将图像分解到 6 个方向。

（5）Watson 离散余弦变换模型[13]

该模型将图像分成互补重叠的子块，在每个子块内计算与离散余弦变换成分相关的对比敏感度基准因子、亮度掩模因子和对比度掩模因子。运用可视阈值将参考图像和失真图像之间的误差标准化，同样运用闵可夫斯基度量进行误差汇聚。Watson 等[14]还提出了一种小波模型，在中频段视觉灵敏度较高，适用于压缩图像的质量度量。

基于人类视觉系统特性的方法存在很大的局限性。首先，人类视觉系统是一个包含许多非线性部件的复杂系统，难以通过已有方法中的基于线性或准线性的算子描述。已有方法依赖于许多强假设，如点扩展函数滤波、点云地面点滤波，而这些强假设并未完全得到生理学和心理学的验证。其次，在通道分解中，误差系数的可视阈值依赖于主观实验，包括点云地面点滤波、亮度掩蔽效应、对比度掩蔽效应等。这些可视阈值存在一个阈值范围，当失真超过阈值范围时，以上度量因子不一定有效。最后，在误差汇聚时使用闵可夫斯基度量，实际上隐式假设分解后的信号之间是线性独立的，自然图像各通道之间存在很强的相关性。小波变换在一定程度上消除了强相关性，但是尚无明确证据显示小波变换提高了图像质量度量的性能。另外，图像质量度量中存在着人的感知交互，当人被指示完成不同视觉任务时，对同一幅图像会给出不同的分数。因此，关于图像内容的先验信息或者关注点也会影响图像质量度量，这些因素往往被上述方法忽略。

2. 自顶向下的方法

自顶向下的方法将人类视觉系统看成一个黑盒，仅关注其输入和输出。具体来说，将图像质量度量设计为一个机器学习的问题，如图 2-5 所示。训练数据一般从主观评价实验中获取，在主观评价实验中，受试者对大量待测图像进行主观观察和分类。主观评价实验目的是训练得到系统模型，实现输出期望值（主观评价）和所建立的模型预测值之间的最小误差。总体上说，这是一个退化过程或函数逼近问题。

有很多技术可以解决函数逼近问题，然而对于图像来说，存在两个困难：① 主观评价花费巨大，需要几百张待测图像才能涵盖足够的图像空间；② 图像是一个高维数据，在训练过程中很容易遭遇维数灾难。解决思路主要有两种：一种是降维，利用图像空间

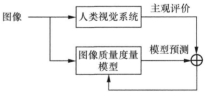

图 2-5 自顶向下的图像质量度量

中典型图像的统计分布，将整个图像空间映射为更低维的空间，这样既降低了主观评价实验的抽样数量，也方便训练，但图像空间的降维本身也是一个比较困难的问题，尤其是面对通用图像质量度量任务时，很难将图像降维到适于计算的程度；另一种是对图像空间做出强假设（例如假定图像失真空间已知，并且可以用少量参数进行描述），这样就可以将高维图像空间降为低维的特征空间，然而这样同时也就失去了泛化能力。下面分别介绍两种主要的全参考图像

质量度量方法。

（1）基于图像特征的方法

该类方法认为自然图像具有高度的结构性和相似性。因此，在图像空间中进行抽样时，抽样结果具有高度相关性，这种相关性既可以通过视觉场景中物体的结构信息来表征，也可以通过图像特征来表征。结构相似性（SSIM）[15]是一种衡量两幅图像相似度的方法，其主要思想是认为人类视觉系统能从视觉场景中提取结构信息，或人类视觉系统对场景中物体的结构信息较为关注，因此对结构相似性（或失真）的测量能够提供近似的图像质量。结构相似性算法将图像结构分解为亮度、对比度和结构 3 种。由于空域结构相似性对图像平移、缩放、旋转或其他未对准失真具有高度敏感性，故将其拓展到复小波变换域（CW-SSIM[16]）可在一定程度上解决这一问题。结构相似性在图像质量度量上取得了极大成功，其预测的图像质量结果与人的感知质量高度相关。随后，在结构相似性的基础上产生了一系列基于图像特征的方法。例如，Wang 等[17]提出了一种信息加权的结构相似性度量（IW-SSIM）；Gao 等[18]提出了基于图像内容的度量；Zhang 等[19]提出特征相似性度量（FSIM），首先对原始图像和失真图像分别提取视觉特征，然后利用自然图像特征高度相关这一假设，度量两张图像特征指标之间的相似性。类似的基于图像特征的方法还有梯度幅值相似偏差等[20]。基于图像特征的方法回避了图像质量模型训练过程中的两个困难，在通用图像上能够取得较好的效果。然而，基于图像特征的方法对于非一致性失真（如亮度改变、对比度改变等），其假设不再有效。

（2）基于图像信息保真度的方法

信息理论从信息通信和信息共享的角度试图解决图像质量评价问题。图 2-6 所示为基于信息理论的全参考图像质量度量的基本思路。

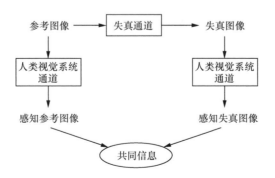

图 2-6　基于信息理论的全参考图像质量度量的基本思路

如图 2-6 所示，图像失真处理和视觉感知处理都以通信通道的形式建模。信息理论的一个重要概念是"信息保真度"（information fidelity）。图像信息保真度是指图像重建场景的精度和准确度。图像信息保真度可以测量完好质量的参考图像或原始图像与失真图像之间的接近度。具体来说，信息保真度度量的是图像间共同信息的数量，也就是互信息。2005 年，Sheikh 等[21-22]首先提出一种信息保真度标准（information fidelity criteria，IFC）的方法与可视信息保真度（visual information fidelity，VIF）方法。在可视信息保真度方法中，图像源的统计模型使用小波域高斯尺度混合（Gaussian scale mixture，GSM）模型，图像失真模型假定为一个局部均衡的能量衰减，并带有独立并发的附加噪声，视觉失真模型假定为小波变换域中均值为零的高斯白噪声，由此计算感知到的参考图像和失真图像之间的共同信息。2013 年，Wu 等[23]提出一种使用内部生成模型（inner generation model，IGM）来模拟人类视觉系统通道的视觉感知原理。上述基于信息理论的方法在自然场景图像上取得了优异的效果，然而，与基于结构相似性的方法类似，该方法面临着对特定失真类型不敏感的局限性。

近年来，全参考图像质量度量方法的研究已趋于饱和，一系列全参考图像质量度量方法在主观图像数据集上取得了很高的统计性能。相对地，计算模型的开销也增加了。目前，全参考图像质量度量方法面临着性能瓶颈：其一，已有方法在特定数据集或特定失真类型上表现优异，然而在交叉验证时效果较差，泛化能力较弱；其二，对特定任务的失真度量，已有方法依赖于失真类型的先验知识，处理多失真类型等复杂图像的能力较差；其三，受限于人类视觉系统心理学和生理学的研究成果，已有方法缺乏明确的心理学或生理学解释。

2.3.2　部分参考图像质量度量

与全参考图像质量度量相比，部分参考图像质量度量是一个面向特定任务（即图像通信）的度量方法。多媒体通信行业常需要通过复杂的通信网络来跟踪视频数据的视觉质量下降的程度（或视觉质量的损失水平）。在这样的网络中，原始的视频数据通常在接收端是不可访问的，因此全参考图像质量度量方法并不适用。部分参考图像质量度量仅使用参考图像的部分信息就可以预测视觉图像质量而备受关注。图 2-7 所示为部分参考图像质量度量系统的工作原理。

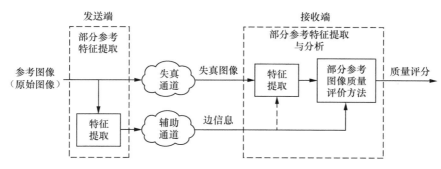

图 2-7 部分参考图像质量度量系统的工作原理

在发送端对参考图像（原始图像）进行特征提取，然后将提取的特征作为边信息通过辅助通道传送到接收端。这种情形下，要求对边信息（如误差控制编码）采取更强的保护。当失真图像传输到接收端时，也要进行特征提取。最后利用传输到接收端的失真图像和边信息，建立失真图像质量度量模型进行质量评分。

早期的部分参考图像质量度量方法主要用于解决单一失真类型。例如，Liu 等[24]提出了一种基于离散余弦变换的 JPEG 压缩图像的部分参考图像质量度量模型。近年来，研究者试图解决同时度量多种失真类型的问题。已有的部分参考图像质量度量方法可大致分为两类。一类是从全参考图像质量度量方法迁移而来，使用图像特征或信息保真度来度量失真图像质量。例如，Rehman 等[25]将结构相似性指标应用于图像传输场景；Ma 等[26]提出了一种基于离散余弦变换的统计特征的方法，其基本思想是在全参考图像中基于人类视觉系统特性的方法；Wang 等[27]将图像特征用水印技术编码到传输图像中，节约了传输数据量；Gao 等[28]将一系列人类视觉系统特性和多尺度几何分析结合起来，用于度量接收端图像质量；Wu 等[29]将可视信息保真度应用于无参考图像质量度量，在当时取得了较好的性能；2013 年，Wu 等[30]提出了一种基于自由能量理论的部分参考图像质量度量模型。另一类是基于图像特征统计分布的方法。例如，Sharifi 等[31]提出了利用广义高斯分布（generalized Gaussian distribution，GGD）对图像小波变换后的系数进行建模。它将原始图像的特征表示为广义高斯分布参数，传输到接收端。在接收端，通过对比边信息中的广义高斯分布参数和失真图像的广义高斯分布参数，给出失真图像的质量评价。具体来说，Sharifi 使用 Kullback-Leibler 散度来测量两个参数集的接近度。

受限于应用场景，部分参考图像质量度量存在 3 方面的不足：在失真类型方面，部分参考图像质量度量在对视频处理中的误差、传输错误等方面表现较差；在传输数据量方面，边信息中能够包含的原始图像特征信息受限于带宽，往往不能准确、全面反映原始图像的特征或信息；在计算效率方面，强调计算的实时性会在一定程度上牺牲质量预测的准确性。此外，边信息的误差控制和错误隐藏，也是影响部分参考图像质量的重要因素，这一部分工作与视频传输编码密切相关，不在本书讨论范围之内。

2.3.3　无参考图像质量度量

无参考图像质量度量又叫盲图像质量度量（blind IQA，BIQA），是指在对图像质量做出预测时不使用任何参考信息，是图像分析领域最大的难题。从某种意义上说，一个客观的图像质量度量模型应当能够接近人的自然评价过程，即在不参考原始的高品质图像情况下，对任何给定的真实场景图像进行评价。这对计算机来说是困难的事情，然而对人类来说却是十分容易的任务。人的主观感知能够容易区分高品质图像和低品质图像，甚至不必看原图就能指出图像的正确和错误之处。对全参考图像质量度量来说，高品质的"参考图像"预先已知。然而，在无参考图像质量度量中，虽然没有参考图像，人们仍然可以假设存在一个高品质的"参考图像"，被评估的图像是这个参考图像的失真表征。也可以进一步假设，参考图像属于传统自然图像系列，或是从自然图像空间抽样出来的。

自然图像在所有可能的图像空间中仅占很小的比例，这为无参考图像质量度量提供了强有力的先验知识。这个先验知识能够成为设计无参考图像质量度量方法的信息源。可能的失真过程的相关知识是无参考图像质量度量的另外一个重要信息源。例如，在图像采集和显示系统中常常引入模糊和噪声，在基于块的图像压缩方法中常出现块效应等。这些失真有时可以用一些合理、准确的模型来解释。

目前，无参考图像质量度量方法根据应用条件可分为面向特定失真的方法和面向无特定失真的方法。前者假设度量模型仅工作在一种特定失真类型上，或失真类型已知。相对地，面向无特定失真的方法不需要上述假设。相比较而言，面向特定失真的方法更容易一些，而面向无特定失真的方法更符合人的视觉感知过程。

1. 面向特定失真的无参考图像质量度量

无参考图像质量度量最开始是面向图像模糊、噪声，以及基于块压缩产生的块效应等特定失真的，是作为部分参考图像质量度量的优化和改进出现的。在面向特定失真的部分参考图像质量度量方法中，最为成熟的是对图像模糊、图像噪声、块效应的度量和 JPEG/JPEG 2000 图像压缩失真的度量。

（1）图像模糊的度量

图像模糊的度量方法包括基于边缘分析的方法[32-34]、基于变换域的方法[35]和基于像素统计信息的方法[36-37]。基于边缘分析的方法通过检测图像的边缘，分析边缘的宽度，或判定边缘中的像素点是否模糊来度量图像模糊度。其优点是概念直观、计算相对简单，且可以考虑人类视觉系统特性；缺点是对图像内容有一定的依赖性。基于变换域的方法综合了图像的频域特性和多尺度特性，相对于单一利用图像边缘信息来说，对图像模糊的估计具有较好的准确性和鲁棒性。基于像素统计信息的方法利用了图像统计信息（如边缘邻域像素灰度变化、局部像素方差等），鲁棒性较好，但是设计的统计特征很容易忽略像素的位置信息，且受噪声（尤其是脉冲噪声）的影响较大。

（2）图像噪声的度量

图像噪声的度量采用的方法主要包括基于小波变换的方法、基于分块方差的方法、基于滤波的方法，以及基于变换域的方法等。基于小波变换的方法认为随机噪声会对图像小波系数（尤其是高频小波系数）产生一定的影响，噪声越大，小波系数幅值越大。Donoho 等[38]最早给出了基于高频小波系数的噪声标准差估计方法。这类方法对高斯白噪声（随机噪声）具有较好效果，但对脉冲噪声等误差较大。基于分块方差的方法认为图像中存在灰度一致的区域时，这一区域的方差就只受到噪声影响，因此可以根据均匀分块的图像方差估计噪声水平[39]。基于分块方差的方法比较直观，适用于多种噪声，但同时依赖于图像灰度一致假设，因此对纹理图像可能由于找不到灰度一致的区域而失效[40]。基于滤波的方法通过对失真图像使用平滑滤波器消除噪声，仅比较图像平滑滤波前后的差异来测量噪声水平。例如，Immerkaer[41]使用拉普拉斯算子作滤波器、Konstantinides 等[42]则利用多种滤波器得到不同平滑图像，然后使用支持向量机（supported vector machine，SVM）来预测噪声水平。这类方法的主要困难是要区分高频信息中的边缘和噪声。基于变换域的方法假定图像经过一定的变换后，较大的系数对应图像中的结构信息，而较小的系数主要由噪声引起，因此可以通过分析变换域系数来对图像噪声水平进行估计。基于变换域的方法中存在许多需要经验确定的参数，这些参数的训练依赖于样本。

（3）块效应的度量

块效应是指基于块编码的图像或视频压缩中出现的水平或垂直块边界，多见于 JPEG、MEPG、H.264 等数据压缩标准。大多数块效应的度量基于块边界方法来分析，也有将图像转换到其他空间进行度量的。基于块边界的方法通过分析空间域块边界处像素灰度的变化来估计块效应程度。Wu 等[43]利用水平方向和垂直方向块边界处的加权均方误差差异来定义块效应度量，权重考虑了亮度掩蔽效应等；Pan 等[44]借助过零率确定块边界，同时考虑了局部对比度和空间位置掩蔽效应。基于空间块边界的方法直观简单，困难在于如何准确区分图像中的真实边缘和由块效应引起的边缘(尤其是块大小和块边缘位置未知时)。考虑块编码算法的块大小一般是固定的,因而块效应具有明显周期性,可借助其他变换域(如频率域等),来估计块效应的强度。Meesters 等[45]通过 Hermite 变换估计多个边缘参数来判断是否为块效应引起的边缘;Liu 等[46]等使用基于离散傅里叶变换(discrete Fourier transform,DFT)的网格检测器来识别块失真的准确位置,再综合边缘、纹理、亮度等信息来计算块效应水平。基于变换域的方法以增加计算开销为代价,提升了度量的准确性。

(4)JPEG/JPEG 2000 图像压缩失真的度量

JPEG 图像压缩的主要失真是块效应和模糊,JPEG 2000 图像压缩的主要失真是振铃效应和模糊。针对 JPEG 压缩图像,除应用上述块效应的度量方法之外,研究者常使用回归分析或模式分类的方法来估计失真图像的质量。Gastaldo 等[47]计算局部共生矩阵和基于离散余弦变换的频域特征,再经过主成分分析(principal component analysis,PCA)降维后,训练一个环形反向传播(circular back-propagation,CBP)神经网络来估计 JPEG 图像的压缩失真;Corchs 等[48]将多种针对块效应的度量和一般性图像质量度量送入回归树和支持向量机进行失真图像的质量分类。对 JPEG 2000 压缩图像,主要基于自然场景统计模型计算小波域下的不同尺度、方向小波系数及其线性预测的显著度参数,将其转换为质量指数并加权平均;Zhou 等[49]利用图像中纹理块的小波域幅度谱下降曲线进行特征提取,用相邻尺度同一方向小波系数的投影距离作为位置相似度特征,再根据广义回归神经网络(general regression neural network,GRNN)进行质量预测。

2. 面向无特定失真的无参考图像质量度量

无特定失真(no-specific distortion),又叫非特定失真,它更接近人的视觉感知方式。根据预测过程中使用技术的不同,可将已有的面向无特定失真的无参考图像质量度量方法分为基于自然场景统计特征的方法、基于视觉码本的方法以及基于深度学习的方法。

(1)基于自然场景统计特征的方法

基于自然场景统计特征的方法的思路来源于自顶向下的全参考图像质量度量方法,其核心思想是将失真图像看作从失真图像空间的抽样,通过分析失真图像的统计特征来预测失真图像空间,其主要技术困难是对失真图像抽样分布的预测。基于支持向量机的方法以其突出的性能被广泛用于图像质量度量,这类方法首先提取失真图像空间域或变换域的特征,基于已知质量数据训练支持向量回归分析模型(support vector regression,SVR),由图像特征预测图像质量,其典型过程如图 2-8 所示。

图 2-8　基于自然场景统计特征的方法的典型过程

建立 LIVE 图像质量主观评分数据集的得克萨斯大学奥斯汀分校的研究人员提出了若干基于支持向量回归分析模型或支持向量机+支持向量回归分析模型的方法，代表方法是 Moorthy 等[50]提出的盲图像质量度量指标（blind image quality index，BIQI）。盲图像质量度量指标首先采用小波分解系数，利用广义高斯分布模型拟合得到的参数作为图像特征，由支持向量机分类得到当前图像属于每个类（失真类型）的概率，再采用支持向量回归分析模型对各个退化类型计算图像质量指标值，最后根据概率加权得到总的图像质量度量结果。后续提出的基于失真辨识的图像真实性和完整性评价（distortion identification-based image verity and integrity evaluation，DIIVINE）算法采用了更为复杂的 88 维特征[51]；Mittal 等[52]提出无参考图像空域质量评价（blind/referenceless image spatial quality evaluator，BRISQUE）方法沿用支持向量机+支持向量回归分析模型的模式，首先计算图像多尺度去均值对比度归一化（mean subtracted contrast normalized，MSCN）系数，再对这些系数及其沿不同方向的相关系数进行非对称广义高斯分布拟合，得到的参数作为图像特征。Saad 等[53]利用离散余弦变换系数直方图的 Kurtosis 值、各向异性熵最大值等特征训练支持向量回归分析模型；Tang 等[54]选择复金字塔小波系数广义高斯分布模型拟合的模型参数及吻合概率、小波系数幅值和相位的跨尺度分布、分块主成分分析特征值、噪声估计参数等作为图像特征，通过主成分分析降维后使用支持向量回归分析模型训练回归模型；Zhang 等[55]则利用高斯-拉普拉斯滤波器将图像分解为多个尺度子带图像，再由各子带图像得到局部二进制模式（local binary pattern，LBP）编码，并统计归一化直方图作为图像特征。其他方法尝试使用的图像特征还有去均值对比度归一化系数的对数倒数特征、频率域为对数 Gabor 滤波器得到的不同方向特征、曲波系数值对数直方图等。

基于支持向量机的方法有利于防止在样本数量较少时出现过拟合，在无参考图像质量度量中取得较好的效果。但不同特征对估计精度和计算复杂度的影响很大。

另外使用图像统计特征的方法是建立图像特征与图像质量之间的统计概率模型，大多数情况采用多变量高斯分布来描述概率分布。对失真图像，提取特征后根据概率模型计算最大后验概率的图像质量，或根据与概率模型的匹配程度（如特征间的距离）估计图像质量。Saad 等[56]提出了离散余弦变换统计信息盲图像完整性指数（blind image integrity notator using DCT statistics，BLINDS）首先根据离散余弦变换系数估计图像的对比度特征，再在两个尺度上计算离散余弦变换系数直方图的 Kurtosis

值和各向异性熵的最大值作为结构特征,最后使用多变量高斯概率模型描述特征与平均意见得分值之间的概率关系,通过后验概率最大化预测图像质量。后续研究中,Saad 等[57]又提出了 BLIINDS-Ⅱ算法,其特征提取更为复杂,在提升预测精度的同时也大幅牺牲了计算效率。Mattal 等[58]提出了自然图像质量评价(natural image quality evaluator,NIQE)方法,在不必利用主观评分的失真图像条件下进行训练,在计算其局部去均值对比度归一化系数归一化图像后,根据局部活性选择部分图像块作为训练数据,以广义高斯分布拟合得到的模型参数作为图像特征,采用多变量高斯模型描述这些特征,评价时利用待评价图像特征模型参数与预先建立的模型参数之间的距离度量图像质量;Abdalmajeed 等[59]在提取局部去均值对比度归一化系数后,基于韦伯分布提取自然场景统计特征,并用多变量高斯模型分布描述它们的概率分布,使用待评价图像特征与无失真图像统计模型的距离作为图像质量度量指标。

除上述方法外,其他一些机器学习方法也应用于基于图像特征的无参考图像质量度量中,如多重线性回归(multiple linear regression,MLR)、多核学习、随机森林回归分析等。Panetta 等[60]提出了彩色质量增强算法,由彩色度、锐利度和对比度线性组合来评价图像质量,组合系数由训练机上训练的多重线性回归模型得到;Gu[61]对不同影响失真的因素独立估计,包括基于离散余弦变换系数直方图的 Kurtosis 值的噪声估计、基于边缘的模糊测量、基于块边界和过零率的质量估计、基于自由能量的联合影响预测等,并结合人类视觉系统特性进行线性加权;Gao 等[62]采用自然场景统计特征训练一个多核学习模型;Gu 等[63]在空间域提取局部自然场景统计特征,由稀疏表示学习算法得到的质量感知滤波器进行特征编码,再由随机森林回归分析得到图像质量。

(2)基于视觉码本的方法

这类方法通过聚类分析根据图像特征生成码本(词典),建立码本和图像质量之间的映射关系,依然属于机器学习的范畴。对失真图像,提取特征后通过匹配视觉码本来估计图像质量。Ye 等[64]在训练时计算所有训练图像的 Gabor 变换特征,并聚类生成码本,同时保存相应的平均意见得分值。在预测时,根据 Gabor 变换特征匹配码本,并按相似度加权计算得到图像质量评分,然后通过非线性回归得到平均意见得分差值。Ye 等[65]随后提出一种无参考图像质量评价码本表示算法(codebook representation for no-reference image quality assessment,CORNIA),训练码本是随机均匀地从图像中选择一些块,在对其进行局部去均值对比度归一化系数等处理后作为图像特征,运用 K-means 算法聚类得到码本。在评价时,对失真图像抽取的块采用基于点积运算的软分配策略生成码字,并采用最大池化(max-pooling)将多个码字合并,最后利用 SVR 对这些码字回归分析得到图像质量评价。Mittal 等[66]分析了失真图像和自然图像的特征差异分布,基于自然场景统计特征提取与质量有关的视觉词汇，聚类为不同主题。通过最大期望算法在包括自然图像和失真图像的数据集中学习词汇的主题概率分布，最后通过比较不同主题在未知图像的出现概率与这些主题在大量自然图像平均分布的相似性得到质量评价值，该方法也不用主观评分。

基于视觉码本的方法可以认为是基于图像统计特征的方法的简化，以量化的、有限的样本来描述图像特征与图像质量之间的概率关系。基于视觉码本的方法同样需要大样本进行训练，同时具有较高的计算复杂度。

（3）基于深度学习的方法

无参考图像质量度量的目标是模拟人类视觉系统对图像的评价，而人类视觉系统对图像的感知过程，从某种意义上是一个复杂的非线性过程，因此可以使用深度学习网络近似描述。在早期基于神经网络的方法中，与前面两种方法类似，首先提取一定的图像变换域或空间特征，再基于已知质量数据训练一个神经网络回归分析模型，由失真图像的特征预测其质量。Suresh 等[67]提出了一种稀疏极限学习机模型（sparse extreme learning machine，SELM），采用单层前馈神经网络（single layer feedforward network，SLFN）结构，网络输入特征包括边缘幅值、边缘长度、背景活跃度和背景亮度等人类视觉系统特征。Suresh 等[68]后续又提出使用 k-重选择方案（k-fold selection scheme）和实编码遗传算法（real-coded genetic algorithm）来改善模型的泛化性能。Li 等[69]提出了广义回归神经网络（generative regression neural network，GRNN）估计图像质量，选用的图像特征包括相位一致性图像均值、失真图像的熵、失真图像的梯度、灰度-梯度共生矩阵提取的梯度均值和梯度熵等。

Kang 等[70]首先将卷积神经网络（convolutional neural network，CNN）用于无参考图像质量度量。与前述方法不同，基于 CNN 的方法不需要显示或人工提取图像特征，而是利用多层隐含层完成特征提取工作，然后将回归分析融入同一个网络之中。该方法可分为下面 3 个步骤。

步骤 1：输入数据预处理。为提升训练效率，Kang 等首先将训练图像经过局部去均值对比度归一化系数归一化后，分为 32×32（像素矩阵，后同）的均匀不重叠图像块，送入 CNN。

步骤 2：CNN 处理。CNN 包括 4 个隐含层：第一层是卷积层，使用 50 个滤波器提取图像块的特征；第二层是池化层，选择最大池化（max-pooling）和最小池化（min-pooling）两个操作对输入特征图进行汇聚；接下来是两个全连接层，其作用是将图像特征扁平化。最后一层是单个节点，输出图像质量。

步骤 3：优化。Kang 等使用预测图像质量与主观评分平均意见得分值的距离 L_1，也就是平均绝对误差（mean absolute error，MAE）作为目标函数，并使用随机梯度下降（stochastic gradient decent，SGD）和反向传播优化目标函数。在实际训练时，Kang 等分别在 LIVE 和 TID2008 数据集上训练网络参数。

以 LIVE 图像质量主观评分数据集为例，选用 80% 的图像作为训练集，20% 图像作为测试机。预测结果与平均意见得分的回归拟合程度采用斯皮尔曼秩相关系数（Spearman rank order correlation coefficient，SROCC）和线性相关系数（linear correlation coefficient，LCC）进行度量。该方法分别在 LIVE 和 TID2008 数据集上取得较好的预测效果。

继 Kang 等所提的方法之后，又有一系列方法使用 CNN 进行无参考图像质量度量，主要在预处理、网络结构和优化这三个环节进行改进。Bosse 等[711]认为图像预处理舍弃掉了一些有用信息，因此，使用原始 RGB 图像块进行训练；Bare 等[72]则加深了网络层数，并使用特征相似性（FSIM）度量失真图像，用其替代平均意见得分值进行训练；Guan 等[73]则使用图像视觉关注对优化函数距离 L_1 进行加权平均；上述方法在常用图像数据集上均取得一定的效果。

基于深度学习的图像质量度量的另一分支是生成式网络。Hou 等[74]提出了生成式图像质量度量学习框架，如图 2-9 所示。

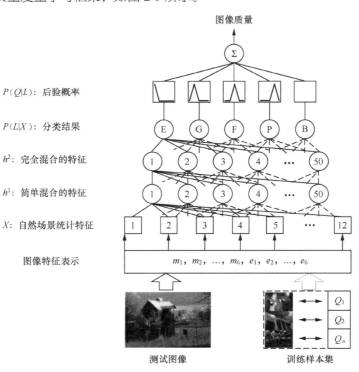

图 2-9　生成式图像质量度量学习框架

该网络综合特征提取、分类、后验概率计算为一体。在输出层，由 3 级小波变换细节特征作为输入，训练过程先采用受限玻尔兹曼机（restricted Boltzmann machine，RBM）进行层间学习，再采用反向传递算法进行精细调整。Ghadiyaram 将多个受限玻尔兹曼机网络连接起来，构造一个深度信念网络（deep belief Network，DBN），目的是提取到更鲁棒的图像特征。

深度学习具有很好的非线性映射能力，但其局限性是网络结构设计需要一定的技巧，样本较少时容易出现过拟合现象，而当特征维度数据量较大时，训练的计算复杂度又很高。

|2.4　虚拟视点图像质量度量|

前面 2.2 节、2.3 节介绍的图像质量度量方法主要对主流图像数据集，如 LIVE，TID2008 等进行验证。将其应用于虚拟视点图像时，效果往往不好。原因主要包括下面两个。第一，虚拟视点图像失真类型与主流图像数据集中覆盖的失真类型不同。虚拟视点图像常见的失真类型包括由场景遮挡关系改变引起的空洞、由深度误差引起的边缘混叠，以及由计算误差引起的边缘模糊等。此外，还包括由空洞填补算法引入的局部纹理模糊，以及三维图像变换方程未考虑光照变化引入的颜色对比度失真等。第二，影响失真的因素与主流图像数据集不同。传统图像的降质过程主要包括图像获取、编码传输这两个环节。而虚拟视点图像则要考虑参考视点深度图像获取、编码传输，以及三维图像变换合成这 3 个环节。其中，前两个环节除考虑颜色图像之外，还要考虑深度获取、编码传输过程可能引入的失真。而三维图像变换过程与传统基于光学成像原理的方式不完全相同。因此，传统图像质量度量模型不适用于虚拟视点图像的质量度量任务。

目前有关虚拟视点图像质量度量的方法较少，关于虚拟视点图像的研究工作刚刚起步。已有方法可大致分为传统图像质量度量方法的迁移和基于深度的图像质量度量两类。

2.4.1　传统图像质量度量方法的迁移

传统图像质量度量方法的迁移与前述方法类似，通过提取虚拟视点图像特征，然后与主观平均意见得分值进行拟合来建立质量度量模型。Joveluro 等[75]提出了感知质量度量（perceptual quality metric，PQM）方法。感知质量度量方法的研究对象是双目图像（左、右眼立体图像）的质量，其中左、右眼图像均是使用 DIBR 技术合成的，属于虚拟视点图像。对单目虚拟视点图像，该方法提取图像对比度、亮度变化等，并采用特征加权法得到预测结果。Zhao 等[76]提出采用感知时域峰值信噪比方法来度量虚拟视点图像序列在时域上的噪声。Conze 等[77]提出了一种面向虚拟视点图像失真检测的度量方法，估计深度方法可能失败的区域（如薄物体（thin object）、物体边界（object border）、透明物体、光照变化区域等）中存在的失真。具体来说，通过构建纹理、梯度方向差异和高对比度可视图，可将这3张可视图转换为失真图像和参考图像的距离来度量失真程度。

Battisti 等[78]提出了三维合成视点图像质量度量（3D synthesized view image quality metric，3DSwIM）方法，通过比较失真图像和虚拟视点图像在小波子带的统计特征差异来给出质量评价。具体来说，首先将参考图像和失真图像分为若干不重叠的子块，然后通过穷举搜索法（exhaustive search）对齐所有图像块；接着将失真图像和参考图像变换到小波域，提取小波子带特征直方图，使用 KS 散度来度量二者的距离，给出图像的质量度量。三维合成视点图像质量度量方法特别针对虚拟视点图像中的人脸设计出脸部轮廓提取算法，用来对度量结果加权。Sandić-stanković 等[79-80]提出了基于形态学多尺度小波变换的全参考虚拟视点图像质量度量方法。

但是，已有的传统图像质量度量方法的迁移主要是全参考图像质量度量方法，根据虚拟视点图像选用不同的特征，鲁棒性较差。

2.4.2　基于深度的图像质量度量

Ekmekcioglu 等[81]提出了一种基于深度的感知质量度量方法。该方法使用虚拟视点下的深度信息加权函数，以及时域运动一致性函数来得到最终图像质量评分。该方法需要参考视点深度图像（颜色图+深度）。Yasakethu 等[82]提出了自适应的视频质量度量（video quality measure，VQM）方法，用于度量三维视频传输中的丢包。该方法将二维颜色信息和深度信息进行线性加权。其中，深度质量度量使用了场景中各深度平面的相对距离、各深度平面内部一致性和深度结构性误差等特征；颜色图质量度量则使用视频质量度量得分。Solh 等[83]将三维视频质量度量（3D video quality measure，3VQM）方法用于虚拟视点图像质量度量，分析虚拟视点图像对应深度和理想深度的差异。

通过分析深度信息，能够提升虚拟视点图像质量度量的效果。然而，深度图像的特征较难设计，同时当虚拟视点中景深受限、存在弱纹理区域、深度不连续、重复纹理模式、透明或半透明介质或光照反射时，上述方法可能不再适用。

| 参考文献 |

[1] SHEIKH H R, SABIR M F, BOVIK A C. A statistical evaluation of recent full reference image quality assessment algorithms[J]. IEEE Transactions on Image Processing, 2006, 15(11): 3440-3451.

[2] PONOMARENKO N, LUKIN V, ZELENSKY A, et al. TID2008-a database for evaluation of full-reference visual quality assessment metrics[J]. Advances of Modern Radioelectronics, 2009, 10(4): 30-45.

[3] PONOMARENKO N, JIN L, IEREMEIEV O, et al. Image database TID2013: peculiarities, results and perspectives[J]. Signal Processing: Image Communication, 2015(30): 57-77.

[4] LARSON E C, CHANDLER D M. Most apparent distortion: full-reference image quality assessment and the role of strategy[J]. Journal of Electronic Imaging, 2010, 19(1). DOI: 10.1117/1.3267105.

[5] JAYARAMAN D, MITTAL A, MOORTHY A K, et al. Objective quality assessment of multiply distorted images[C]//2012 Conference Record of the Forty Sixth Asilomar Conference on Signals, Systems and Computers. Piscataway, USA: IEEE, 2012: 1693-1697.

[6] SESHADRINATHAN K, SOUNDARARAJAN R, BOVIK A C, et al. Study of subjective and objective quality assessment of video[J]. IEEE Transactions on Image Processing, 2010, 19(6): 1427-1441.

[7] LE CALLET P, AUTRUSSEAU F. Subjective quality assessment IRCCyN/IVC database [DB/OL]. [2021-07-08].

[8] LU Y, MASAYUKI T, YIN Z. 3D-TV system with depth-image-based rendering[M]. New York: Springer, 2013.

[9] DALY S J. Visible differences predictor: an algorithm for the assessment of image fidelity[J]. Proceedings of the SPIE, 1992(1666): 2-15.

[10] WATSON A B. Digital images and human vision[M]. Cambridge, USA: MIT Press, 1993.

[11] SAFRANEK R J, JOHNSTON J D. A perceptually tuned sub-band image coder with image dependent quantization and post-quantization data compression[C]//International Conference

on Acoustics, Speech, and Signal Processing. Piscataway, USA: IEEE, 1989: 1945-1948.

[12] TEO P C, HEEGER D J. Perceptual image distortion[C]//1st International Conference on Image Processing. Piscataway, USA: IEEE, 1994(2): 982-986.

[13] RAO K R, YIP P. Discrete cosine transform: algorithms, advantages, applications[M]. Salt Lake City, USA: American Academic Press, 2014.

[14] WATSON A B, YANG G Y, SOLOMON J A, et al. Visibility of wavelet quantization noise[J]. IEEE Transactions on Image Processing, 1997, 6(8): 1164-1175.

[15] WANG Z, BOVIK A C, SHEIKH H R, et al. Image quality assessment: From error visibility to structural similarity[J]. IEEE Transactions on Image Processing, 2004, 13(4): 600-612.

[16] GAO Y, REHMAN A, WANG Z. CW-SSIM based image classification[C]//2011 18th IEEE International Conference on Image Processing. Piscataway, USA: IEEE, 2011: 1249-1252.

[17] WANG Z, LI Q. Information content weighting for perceptual image quality assessment[J]. IEEE Transactions on Image Processing, 2010, 20(5): 1185-1198.

[18] GAO X, WANG T, LI J. A content-based image quality metric[C]//International Workshop on Rough Sets, Fuzzy Sets, Data Mining, and Granular-Soft Computing. Heidelberg, Berlin: Springer, 2005: 231-240.

[19] ZHANG L, ZHANG L, MOU X, et al. FSIM: a feature similarity index for image quality assessment[J]. IEEE Transactions on Image Processing, 2011, 20(8): 2378-2386.

[20] XUE W, ZHANG L, MOU X, et al. Gradient magnitude similarity deviation: a highly efficient perceptual image quality index[J]. IEEE Transactions on Image Processing, 2013, 23(2): 684-695.

[21] SHEIKH H R, BOVIK A C, DE VECIANA G. An information fidelity criterion for image quality assessment using natural scene statistics[J]. IEEE Transactions on Image Processing, 2005, 14(12): 2117-2128.

[22] SHEIKH H R, BOVIK A C. A visual information fidelity approach to video quality assessment[C]//The First International Workshop on Video Processing and Quality Metrics for Consumer Electronics, 2005.

[23] WU J, LIN W, SHI G, et al. Perceptual quality metric with internal generative mechanism[J]. IEEE Transactions on Image Processing, 2012, 22(1): 43-54.

[24] LIU D, XU Y, QUAN Y, et al. Reduced reference image quality assessment using regularity of phase congruency[J]. Signal Processing: Image Communication, 2014, 29(8): 844-855.

[25] REHMAN A, WANG Z. Reduced-reference image quality assessment by structural similarity estimation[J]. IEEE Transactions on Image Processing, 2012, 21(8): 3378-3389.

[26] MA L, LI S, ZHANG F, et al. Reduced-reference image quality assessment using reorganized DCT-based image representation[J]. IEEE Transactions on Multimedia, 2011, 13(4): 824-829.

[27] WANG Z, WU G, SHEIKH H R, et al. Quality-aware images[J]. IEEE Transactions on Image Processing, 2006, 15(6): 1680-1689.

[28] GAO X, LU W, LI X, et al. Wavelet-based contourlet in quality evaluation of digital images[J]. Neurocomputing, 2008, 72(1-3): 378-385.

[29] WU J, LIN W, SHI G, et al. Reduced-reference image quality assessment with visual information fidelity[J]. IEEE Transactions on Multimedia, 2013, 15(7): 1700-1705.

[30] WU J, SHI G, LIN W, et al. Just noticeable difference estimation for images with free-energy principle[J]. IEEE Transactions on Multimedia, 2013, 15(7): 1705-1710.

[31] SHARIFI K, LEON-GARCIA A. Estimation of shape parameter for generalized Gaussian distributions in subband decompositions of video[J]. IEEE Transactions on Circuits and Systems for Video Technology, 1995, 5(1): 52-56.

[32] FERZLI R, KARAM L J. No-reference objective wavelet based noise immune image sharpness metric[C]//IEEE International Conference on Image Processing 2005. Piscataway, USA: IEEE, 2005. DOI: 10.1109/ICIP.2005.1529773.

[33] TSOMKO E, KIM H J. Efficient method of detecting globally blurry or sharp images[C]//2008 Ninth International Workshop on Image Analysis for Multimedia Interactive Services. Piscataway, USA: IEEE, 2008: 171-174.

[34] LIU D, CHEN Z, MA H, et al. No reference block based blur detection[C]//2009 International Workshop on Quality of Multimedia Experience. Piscataway, USA: IEEE, 2009: 75-80.

[35] MARICHAL X, MA W Y, ZHANG H J. Blur determination in the compressed domain using DCT information[C]//Proceedings 1999 International Conference on Image Processing. Piscataway, USA: IEEE, 1999(2): 386-390.

[36] CHUNG Y C, WANG J M, BAILEY R R, et al. A non-parametric blur measure based on edge analysis for image processing applications[C]//2004 IEEE Conference on Cybernetics and Intelligent Systems. Piscataway, USA: IEEE, 2004(1): 356-360.

[37] LIANG L, CHEN J, MA S, et al. A no-reference perceptual blur metric using histogram of gradient profile sharpness[C]//2009 16th IEEE International Conference on Image Processing. Piscataway, USA: IEEE, 2009: 4369-4372.

[38] DONOHO D L, JOHNSTONE J M. Ideal spatial adaptation by wavelet shrinkage[J].

Biometrika, 1994, 81(3): 425-455.

[39] MEER P, JOLION J M, ROSENFELD A. A fast parallel algorithm for blind estimation of noise variance[J]. IEEE Transactions on Pattern Analysis and Machine Intelligence, 1990, 12(2): 216-223.

[40] TIAN J, CHEN L. Image noise estimation using a variation-adaptive evolutionary approach[J]. IEEE Signal Processing Letters, 2012, 19(7): 395-398.

[41] IMMERKAER J. Fast noise variance estimation[J]. Computer Vision and Image Understanding, 1996, 64(2): 300-302.

[42] KONSTANTINIDES K, NATARAJAN B, YOVANOF G S. Noise estimation and filtering using block-based singular value decomposition[J]. IEEE Transactions on Image Processing, 1997, 6(3): 479-483.

[43] WU H R, YUEN M. A generalized block-edge impairment metric for video coding[J]. IEEE Signal Processing Letters, 1997, 4(11): 317-320.

[44] PAN F, LIN X, RAHARDJA S, et al. A locally-adaptive algorithm for measuring blocking artifacts in images and videos[C]//2004 IEEE International Symposium on Circuits and Systems. Piscataway, USA: IEEE, 2004: 499-506.

[45] MEESTERS L, MARTENS J B. A single-ended blockiness measure for JPEG-coded images[J]. Signal Processing, 2002, 82(3): 369-387.

[46] LIU H, HEYNDERICKX I. A perceptually relevant no-reference blockiness metric based on local image characteristics[J]. EURASIP Journal on Advances in Signal Processing, 2009, 2009: 1-14.

[47] GASTALDO P, ZUNINO R. Neural networks for the no-reference assessment of perceived quality[J]. Journal of Electronic Imaging, 2005, 14(3). DOI: 10.1117/1.1988313.

[48] CORCHS S, GASPARINI F, SCHETTINI R. No reference image quality classification for JPEG-distorted images[J]. Digital Signal Processing, 2014, 30: 86-100.

[49] ZHOU J, XIAO B, LI Q. A no reference image quality assessment method for JPEG 2000[C]//2008 IEEE International Joint Conference on Neural Networks. Piscataway, USA: IEEE, 2008: 863-868.

[50] MOORTHY A K, BOVIK A C. A two-step framework for constructing blind image quality indices[J]. IEEE Signal Processing Letters, 2010, 17(5): 513-516.

[51] MOORTHY A K, BOVIK A C. Blind image quality assessment: From natural scene statistics to perceptual quality[J]. IEEE Transactions on Image Processing, 2011, 20(12): 3350-3364.

[52] MITTAL A, MOORTHY A K, BOVIK A C. Blind/referenceless image spatial quality evaluator[C]//2011 Conference Record of the Forty Fifth Asilomar Conference on Signals, Systems and Computers. Piscataway, USA: IEEE, 2011: 723-727.

[53] SAAD M A, BOVIK A C, CHARRIER C. Natural DCT statistics approach to no-reference image quality assessment[C]//2010 IEEE International Conference on Image Processing. Piscataway, USA: IEEE, 2010: 313-316.

[54] TANG H, JOSHI N, KAPOOR A. Learning a blind measure of perceptual image quality[C]//CVPR 2011. Piscataway, USA: IEEE, 2011: 305-312.

[55] ZHANG M, XIE J, ZHOU X, et al. No reference image quality assessment based on local binary pattern statistics[C]//2013 Visual Communications and Image Processing (VCIP). Piscataway, USA: IEEE, 2013. DOI: 10.1109/QoMEX.2016.7498959.

[56] SAAD M A, BOVIK A C, CHARRIER C. A DCT statistics-based blind image quality index[J]. IEEE Signal Processing Letters, 2010, 17(6): 583-586.

[57] SAAD M A, BOVIK A C, CHARRIER C. Blind image quality assessment: a natural scene statistics approach in the DCT domain[J]. IEEE Transactions on Image Processing, 2012, 21(8): 3339-3352.

[58] MITTAL A, SOUNDARARAJAN R, BOVIK A C. Making a "completely blind" image quality analyzer[J]. IEEE Signal Processing Letters, 2012, 20(3): 209-212.

[59] ABDALMAJEED S, SHUHONG J. No-reference image quality assessment algorithm based on Weibull statistics of log-derivatives of natural scenes[J]. Electronics Letters, 2014, 50(8): 595-596.

[60] PANETTA K, GAO C, AGAIAN S. No reference color image contrast and quality measures[J]. IEEE Transactions on Consumer Electronics, 2013, 59(3): 643-651.

[61] GU K, ZHAI G, YANG X, et al. Hybrid no-reference quality metric for singly and multiply distorted images[J]. IEEE Transactions on Broadcasting, 2014, 60(3): 555-567.

[62] GAO X, GAO F, TAO D, et al. Universal blind image quality assessment metrics via natural scene statistics and multiple kernel learning[J]. IEEE Transactions on Neural Networks and Learning Systems, 2013, 24(12): 2013-2026.

[63] GU Z, ZHANG L, LIU X, et al. Learning quality-aware filters for no-reference image quality assessment[C]//2014 IEEE International Conference on Multimedia and Expo (ICME). Piscataway, USA: IEEE, 2014. DOI: 10.1109/ICME.2014.6890139.

[64] YE P, DOERMANN D. No-reference image quality assessment based on visual codebook[C]// 2011 18th IEEE International Conference on Image Processing. Piscataway, USA: IEEE,

2011: 3089-3092.

[65] YE P, KUMAR J, KANG L, et al. Unsupervised feature learning framework for no-reference image quality assessment[C]//2012 IEEE Conference on Computer Vision and Pattern Recognition. Piscataway, USA: IEEE, 2012: 1098-1105.

[66] MITTAL A, MURALIDHAR G S, GHOSH J, et al. Blind image quality assessment without human training using latent quality factors[J]. IEEE Signal Processing Letters, 2011, 19(2): 75-78.

[67] SURESH S, BABU V, SUNDARARAJAN N. Image quality measurement using sparse extreme learning machine classifier[C]//2006 9th International Conference on Control, Automation, Robotics and Vision. Piscataway, USA: IEEE, 2006: 1-6.

[68] SURESH S, BABU R V, KIM H J. No-reference image quality assessment using modified extreme learning machine classifier[J]. Applied Soft Computing, 2009, 9(2): 541-552.

[69] LI C, BOVIK A C, WU X. Blind image quality assessment using a general regression neural network[J]. IEEE Transactions on Neural Networks, 2011, 22(5): 793-799.

[70] KANG L, YE P, LI Y, et al. Convolutional neural networks for no-reference image quality assessment[C]//Proceedings of the IEEE Conference on Computer Vision and Pattern Recognition. Piscataway, USA: IEEE, 2014: 1733-1740.

[71] BOSSE S, MANIRY D, WIEGAND T, et al. A deep neural network for image quality assessment[C]//2016 IEEE International Conference on Image Processing. Piscataway, USA: IEEE, 2016: 3773-3777.

[72] BARE B, LI K, YAN B. An accurate deep convolutional neural networks model for no-reference image quality assessment[C]//2017 IEEE International Conference on Multimedia and Expo. Piscataway, USA: IEEE, 2017: 1356-1361.

[73] GUAN J, YI S, ZENG X, et al. Visual importance and distortion guided deep image quality assessment framework[J]. IEEE Transactions on Multimedia, 2017, 19(11): 2505-2520.

[74] HOU W, GAO X, TAO D, et al. Blind image quality assessment via deep learning[J]. IEEE Transactions on Neural Networks and Learning Systems, 2014, 26(6): 1275-1286.

[75] JOVELURO P, MALEKMOHAMADI H, FERNANDO W A C, et al. Perceptual video quality metric for 3D video quality assessment[C]//2010 3DTV-Conference: The True Vision-Capture, Transmission and Display of 3D Video. Piscataway, USA: IEEE, 2010. DOI: 10.1109/3DTV.2010.5506331.

[76] ZHAO Y, YU L. A perceptual metric for evaluating quality of synthesized sequences in 3DV system[C]//Visual Communications and Image Processing 2010. Bellingham, USA:

SPIE, 2010(7744): 300-308.

[77] CONZE P H, ROBERT P, MORIN L. Objective view synthesis quality assessment[C]//2012 IS&T/SPIE Electronic Imaging. Bellingham, USA: SPIE, 2012. DOI: 10.1117/12.908762.

[78] BATTISTI F, BOSC E, CARLI M, et al. Objective image quality assessment of 3D synthesized views[J]. Signal Processing: Image Communication, 2015(30): 78-88.

[79] SANDIĆ-STANKOVIĆ D, KUKOLJ D, LE CALLET P. DIBR synthesized image quality assessment based on morphological wavelets[C]//2015 Seventh International Workshop on Quality of Multimedia Experience. Piscataway, USA: IEEE, 2015. DOI: 10.1109/QoMEX. 2015.7148143.

[80] SANDIĆ-STANKOVIĆ D, KUKOLJ D, LE CALLET P. DIBR-synthesized image quality assessment based on morphological multi-scale approach[J]. EURASIP Journal on Image and Video Processing, 2016, 2017(1). DOI: 10.1186/s13640-016-0124-7.

[81] EKMEKCIOGLU E, WORRALL S, SILVA D D, et al. Depth based perceptual quality assessment for synthesised camera viewpoints[C]//International Conference on User Centric Media. Heidelberg, Berlin: Springer, 2010: 76-83.

[82] YASAKETHU S L P, WORRALL S T, DE SILVA D V S X, et al. A compound depth and image quality metric for measuring the effects of packet loss on 3D video[C]//2011 17th International Conference on Digital Signal Processing (DSP). Piscataway, USA: IEEE, 2011. DOI: 10.1109/icdsp.2011.6004998.

[83] SOLH M, ALREGIB G, BAUZA J M. 3VQM: a vision-based quality measure for DIBR-based 3D videos[C]//2011 IEEE International Conference on Multimedia and Expo. Piscataway, USA: IEEE, 2011. DOI: 10.1109/icme.2011.6011992.

第 3 章

无参考虚拟视点图像/视频质量度量方法

虚拟视点图像的质量是虚拟视点应用的基础。已有的图像质量度量方法大多数需要提供原始无失真的参考图像，较难在实际系统中使用。在实际应用场景中，客户端很难知道合成图像对应视点下的原始无失真的参考图像的信息。因此，有必要研究虚拟视点图像的无参考图像质量度量方法。与传统图像失真类型不同，虚拟视点图像的失真大多为几何失真，具有非一致性、局部性的特点。通过分析虚拟视点图像的失真特点，设计符合人的主观感知质量的无参考图像质量度量方法，是目前研究的难点。本章首先介绍基于视觉权重图的无参考图像质量度量方法；接着将其推广到虚拟视点图像上，介绍基于局部显著度的无参考虚拟视点图像质量度量方法；最后，进一步将其推广到时空域，介绍基于多模态特征聚合的无参考虚拟视点视频质量度量方法。

|3.1 基于视觉权重图的无参考图像质量度量方法|

3.1.1 概述

预测图像的视觉感知质量是图像质量评价的主要目标，被广泛用于图像处理的各个领域，如图像处理过程评估、图像和视频编/解码以及图像监控系统等。人类是数字图像和视频的最终接收者，因此图像质量度量指标也应该以人为本，从用户的角度进行设计。现有工作在分析人类视觉系统的特性和机制的基础上，做了大量的工作，提出了若干种图像质量度量方法。

当人类视觉系统感知失真图像时，会重视一些失真，同时也会屏蔽一些失真。图 3-1 所示为人类视觉系统的图像掩蔽效应。其中，图 3-1（a）所示为 JPEG 压缩失真图像，图 3-1（b）所示为其客观上相对参考图像的像素误差的可视化结果（后面也称客观错误图），图 3-1（c）所示为人类视觉系统的视觉敏感度图（vision sensitivity map）。视觉敏感度图是反映人眼对图像像素的关注程度的可视化结果，是通过组织主观实验，记录人眼注视点和移动轨迹得到的，图中像素颜色越接近黑色，表示人类视觉系统对该类像素越敏感。

（a）

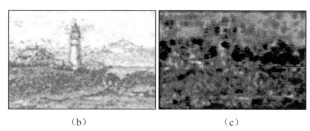

（b）　　　　　　　　　　　（c）

图 3-1　人类视觉系统的图像掩蔽效应

仍以图 3-1 所示为例，图中房屋周围和天空周围的失真很容易被观察到，然而，在纹理区域（如岩石）上的那些失真就较难观察到，这就是人类视觉系统的图像掩蔽效应。与图 3-1（b）所示的客观错误图相比，图 3-1（c）所示图像明显强调了肉眼可见的失真，如海上和房屋周围的扭曲。因此，简单的逐像素度量［如峰值信噪比（PSNR）和均方误差（MSE）］与视觉感知的相关性较小。相对地，视觉敏感度图在一定程度上反映了图像中失真像素的掩蔽效应。

近年来，CNN 已被广泛应用于计算机视觉中，如语义分割图和深度估计。受此启发，有研究者利用 CNN 来预测图像质量。受限于图像质量度量数据集样本数，这类方法一般是将图像分成若干个小的图像块，并通过 CNN 提取每个图像块的特征，最后回归到主观评分。在实际测试时，可将待测图像分为若干个图像块并分别预测质量评分，然后求取其平均值：

$$Q_{\text{predict}}(I) = \frac{1}{M} \sum_{i=1}^{M} Q_{\text{predict}}(\text{patch}_i) \quad\quad (3-1)$$

式中，$Q_{\text{predict}}(I)$ 是预测的图像质量评分；$Q_{\text{predict}}(\text{patch}_i)$ 是通过 CNN 预测的图像块 patch_i（$i=1,2,\cdots,M$）的评分，M 是图像块的数量。这类方法隐含的假设条件：每个图像块与整张图像的主观评分是一致的。更准确地说，假设图像 I 的主观评分是 $Q_{\text{subjective}}(I)$，那么它的每一个子图像块的主观评分都是 $Q_{\text{subjective}}(I)$。这一假设与图像掩蔽效应相悖，因为每个图像块中的像素具有不同的视觉敏感度，反映到主观评分上的话，每个图像块的主观评分应当是有差异的，应与图像的主观评分不一致。

因此，为设计可靠、符合人类视觉系统失真感知的图像质量度量方法，有必要分析人类视觉灵敏度，根据像素的空间特性解释失真对视觉感知的影响，构建图像失真的视觉权重图，在此基础上改进现有的基于 CNN 的无参考图像质量度量方法。

基于视觉权重图的无参考图像质量度量方法（后续简称本节方法[1]）可分为两个环节：① 利用现有公开的图像质量度量数据集及 CNN 训练一个失真图像到图像质量主观评分的回归网络。特别地，利用网络输出的特征图与客观错误图，构建出符合视觉敏感度的视觉权重图。② 将预训练的视觉权重图模型作用在无参考图像质量度量网络中，对每个图像块提取到的特征进行加权，最终回归到整张图像的主观评分。

与已有方法相比，本节方法主要包括以下 3 点工作。

（1）生成了表征人类视觉敏感度的视觉权重图，该图能够较好地反映人类视觉系统的图像掩蔽效应。

（2）提出了一种估计每个图像块质量的新策略，将每个像素的视觉重要度与图像块质量评分预测相结合，提高了图像块质量预测的准确性。

（3）改进了图像块到整张图像的质量评分预测策略，训练了端到端的 CNN 模型，显著提高了图像质量度量的准确性及鲁棒性。

下面分别介绍视觉权重图的生成方法与本节方法的整体流程。

---

[1] 本书中"本节方法"指该节所提的方法。后续不另作说明。

3.1.2　视觉权重图的生成方法

本节介绍视觉权重图的生成方法。该方法利用图像质量度量数据库（失真图像、参考图像、图像质量主观值）以及 CNN 端到端地拟合失真图像与图像质量主观值。视觉权重图反映了图像失真的分布。

视觉权重图的生成主要包括数据预处理和失真图像视觉权重图预测两个环节。其中，数据预处理用于处理训练数据的输入格式；失真图像视觉权重图预测用于构建视觉权重图预训练模型。其中，CNN 模型致力于学习人类视觉系统的图像掩蔽效应，通过输入失真图像与对应的客观错误图，学习得到视觉敏感度图，再结合客观错误图，得到每个像素的视觉权重。最后，根据失真图像的局部空间特征为每个像素分配局部权重。在不需要任何人类视觉系统先验知识的条件下学习到了失真图像到视觉权重的映射关系，为后续无参考图像质量度量做好准备。

下面首先详细介绍数据预处理与失真图像视觉权重图预测这两个环节，然后通过实验结果验证所预测失真图像视觉权重图的有效性。

1. 数据预处理

（1）图像归一化

失真图像在进行 CNN 训练之前会进行简单的数据预处理过程，假定 I_r 是一个参考图像，I_d 是一个失真图像。由于人类视觉系统对低频子带的变化不敏感，所以在计算机视觉任务的图像处理中，大多数情况是首先将图像（参考图像和失真图像）变成灰度图，并将灰度值放缩到区间 [0, 1]，然后将灰度图减去低通滤波图得到归一化图像，这种归一化的图像分别记成 $\overline{I_r}$（参考图像）和 $\overline{I_d}$（失真图像）。

但是在实验中发现，采用此种图像归一化的方式在颜色的变化对于失真来说是至关重要的非一致性失真（比如非偏心图像噪声等）上表现较差。因此，我们直接将失真图像 I_d 和与其对应的参考图像 I_r 送入神经网络训练。

（2）客观错误图规范化

为了使模型通过学习训练生成视觉权重图，我们需要利用失真图像、参考图像客观错误图以及失真图像相应的主观质量分数。大部分文献通常使用失真图像与参考图像的逐像素误差来表示失真程度。然而，人类视觉系统对不同亮度级别的敏感度是非线性变化的，一般认为是呈对数变化，即亮度越低的部分，其像素误差越难以觉察。因此，我们定义了规范的客观错误图，使用下面的对数差函数来表示失真图像与参考图像的差异：

$$I_e = \frac{\ln\left(\dfrac{1}{(I_r - I_d)^2} + \dfrac{1}{\varepsilon / 255^2}\right)}{\ln\left(255^2 / \varepsilon\right)}$$ （3-2）

式中，I_e 是客观错误图；$\varepsilon = 1$，目的是防止出现数值计算错误。

（3）图像块划分

为了能够在图像处理单元（graphics processing unit，GPU）上进行训练，输入图像的大小需要固定。以 LIVE 数据集为例，其包含的图像大小从 480 像素 × 640 像素到 960 像素 × 1024 像素不等。在数据预处理环节，需要将输入图像划分为固定大小的图像块。

需要注意的是，当视觉权重图重建的时候，需要避免重叠的区域。因此，滑动窗口的大小定义为：$\text{step}_{\text{patch}} = \text{size}_{\text{patch}} - \left(N_{\text{ign}} \times 2 \times R\right)$。式中，$\text{size}_{\text{patch}}$ 表示图像块的大小；$\text{step}_{\text{patch}}$ 表示滑动窗口的大小；N_{ign} 表示忽略的像素数量；R 是输入图像和视觉权重图（一条边）的比值。在本节设计的网络中，$R = 4$，即最终构建的视觉权重图的大小是输入图像的 $1/16\left(\dfrac{1}{4} \times \dfrac{1}{4}\right)$。以 LIVE 数据集为例，为确保图像块能够完整划分，允许忽略的像素数量为 4，图像块的大小是 112×112。因此，滑动窗口大小是 80×80。

此外，要确保来自同一张失真图像的所有图像块在同一个批次（batch）中进行训练，这样才能无缝重建视觉权重图。

2. 失真图像视觉权重图预测

在决定人类视觉敏感度的时候，最直观的方法是比较误差信号和其背景信号的能量，其中误差信号指示客观错误图，背景信号指示参考图像。然而，在现实世界，人类视觉系统通常是在不知道误差信号的情况下观察失真图像。为此，我们可以通过在公开的图像质量度量数据集上进行预训练，得到失真图像视觉权重图，并用预训练的网络来指导 3.1.3 节的失真图像无参考图像质量度量。这里着重介绍网络结构的设计、能量函数的优化以及训练方法等知识。

（1）网络结构的设计

用于生成失真图像视觉权重图的 CNN 结构如图 3-2 所示。

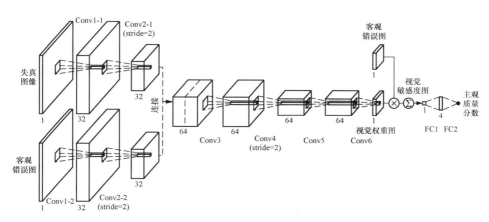

图 3-2　用于生成失真图像视觉权重图的 CNN 结构

　　首先，失真图像和客观错误图分别经过两个单独的卷积层（Conv1-1 与 Conv1-2），各自得到通道数为 32 的特征图；接着，在第二个卷积层（Conv2-1 和 Conv2-2）中设置步长（stride）为 2，这样一来，特征图大小变为上一层的一半。使用卷积而不是 CNN 中常见的池化（如 max-pooling）的原因是为了在扩大感受野的同时尽可能保留局部差异信息（max-pooling 仅保留局部区域中的最大特征值而丢弃其余所有信息，容易丢失局部差异信息）；然后，经过连接（concatenation）层将这两路卷积神经网络变成一路，特征图的通道数变为 64；再经过 4 个卷积层（Conv3、Conv4、Conv5 和 Conv6）的卷积，其中 Conv4 的 stride 也设置为 2，用来进一步扩大感受野，因此经过 Conv6 输出的特征图大小是原始图像的 1/4，原始的客观错误图同样也需要下采样到原来的 1/4。最终，视觉的敏感度图通过卷积神经网络获得，其数学过程可以表示为

$$I_{\mathrm{s}} = \mathrm{CNN}\left(I_{\mathrm{d}}, I_{\mathrm{e}}, \theta\right) \tag{3-3}$$

式中，θ 表示卷积神经网络的参数；I_{d}、I_{e} 分别是失真图像与客观错误图。感知的视觉权重图被定义为：$I_{\mathrm{p}} = I_{\mathrm{s}} \odot I_{\mathrm{e}}$。其中，$\odot$ 表示 Hadamard 积，意思为两个矩阵中对应元素的像素乘积组成的矩阵。

　　为部分补偿信息的丢失，在每一个卷积层前会用 0 填充一层像素。然而，由此生成的特征图的边缘几乎趋近于 0，故为了缓解这种情况，需要忽略视觉权重图边界附近的像素。具体地，排除每个边界的各四行和各四列的像素值。最后，求取剪裁后的视觉权重图中像素的平均值，将其作为聚合的失真图像质量预测得分：

$$\mu_{\mathrm{p}} = \frac{1}{(H-8)(W-8)} \sum_{(i,j) \in \omega} I_{\mathrm{p}} \tag{3-4}$$

式中，H 和 W 是视觉权重图 I_{p} 的高度和宽度；(i,j) 表示像素索引；ω 表示剪裁后的区域。由于无法保证聚合的失真图像质量预测得分 μ_{p} 与图像主观质量分数 $Q_{\mathrm{subjective}}$ 呈线性关系，因此使用全连接层进行非线性回归。在模型的末尾，两个全连接层（FC1，FC2）被用来进行非线性回归，整个网络的损失函数为

$$L_{\mathrm{p}} = \left\| f(\mu_{\mathrm{p}}) - Q_{\mathrm{subjective}} \right\| \tag{3-5}$$

式中，$f(\cdot)$ 是非线性函数，用来表示两层全连接层；$Q_{\mathrm{subjective}}$ 是输入失真图像的主观质量分数。

受近年研究工作的启发，卷积核大小统一设置为 3×3。为了使生成的权重图不丢失像素位置信息，模型中只包含卷积层。如前所述，为了保持经过卷积操作以后特征图的大小，在每个卷积层之前，在边界周围用 0 填充了一层像素。Conv6 的偏置初始化为 1。实际训练时，卷积核大小可以超过 3×3，但卷积核越大，计算量越大，因此卷积核大小不推荐超过 7×7。

Leaky ReLU 和 ReLU 经常在深度学习模型中被用作激活函数以防止梯度消失问题[1-2]。根据实验的设置，除了卷积层 Conv6 采用 ReLU 来确保得到的权重是正值，其余卷积层都采用弱激活函数 Leaky ReLU。在最后两个全连接层，Leaky ReLU 和 ReLU 相应地在隐藏层和输出层中被使用。

ReLU 可以表示为

$$F(x) = \max(0, x) \tag{3-6}$$

ReLU 可以大大加快随机梯度下降算法的收敛，原因是其具有线性、非饱和的函数形式。但是 ReLU 在训练的过程中有可能导致一个神经元不再被激活。Leaky ReLU 可以表示为

$$F(x) = \max(\alpha x, x) \tag{3-7}$$

式中，α 是调节因子。当 $x<0$ 时，$F(x)=\alpha x$，其中 α 非常小，这样可以避免在 $x<0$ 时，不能够学习的情况。当固定 $\alpha = 0.01$ 时，就是 Leaky ReLU，其优点是不会过拟合，计算简单有效，并且比激活函数 sigmoid/Tanh 收敛快。图 3-3 所示为常用的 ReLU 和 Leaky ReLU 示意，可以清晰看到函数数值的变化趋势。

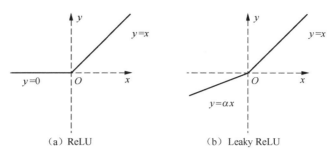

（a）ReLU　　　　　　　　（b）Leaky ReLU

图 3-3　ReLU 和 Leaky ReLU

关于 CNN 模型的深度，当数据库的大小有限时，应该避免过多层数导致的过拟合问题。根据经验，具有 2～6 个卷积层和 2～4 个全连接层的模型能表现出最佳性能。

（2）基于总变分的能量函数

当网络在没有任何额外约束条件下最小化损失函数 L_p 时，生成的视觉敏感度图中会存在高频噪声，并不能准确反映视觉敏感度。为避免这个情况，需要对生成的视觉敏感度图施加平滑约束。具体地，在损失函数的基础上添加基于总变分的 L_2 正则化惩罚项，以惩罚视觉权重图中的高频成分在卷积神经网络优化过程中的占比。与 Mahendran 等[3]提出的方法相似，基于总变分的 L_2 正则化惩罚项公式为

$$\text{TV}\left(I_{\text{s}}\right) = \frac{1}{H \cdot W} \sum_{(i,j)} \left(\text{sobel}_{\text{h}}\left(I_{\text{s}}\right)^2 + \text{sobel}_{\text{v}}\left(I_{\text{s}}\right)^2\right)^{\frac{\beta}{2}} \qquad （3-8）$$

式中，I_{s} 是网络生成的视觉敏感度图；H 和 W 分别表示视觉敏感度图的长度和宽度；sobel_{h} 和 sobel_{v} 表示水平方向和垂直方向上的 Sobel 算子；β 是权重因子，用来控制惩罚项的影响，β 在实验中一般为 3。

Sobel 算子主要用于边缘检测，是典型的基于一阶导数的边缘检测算子，具有平滑噪声的作用，能很好地消除噪声的影响。Sobel 算子包含两个 3×3 的矩阵，分别为水平方向模板和垂直方向模板，将这两个矩阵与图像做二维卷积，就可以得出水平方向和垂直方向的梯度差异近似值。在实际应用中，常常使用下面两个算子模板来检测图像边缘，$\boldsymbol{G}_x$ 为水平方向的模板，$\boldsymbol{G}_y$ 为垂直方向的模板。

$$\boldsymbol{G}_x = \begin{bmatrix} -1 & 0 & 1 \\ -2 & 0 & 2 \\ -1 & 0 & 1 \end{bmatrix} \qquad （3-9）$$

$$G_y = \begin{bmatrix} 1 & 2 & 1 \\ 0 & 0 & 1 \\ -1 & -2 & -1 \end{bmatrix} \tag{3-10}$$

经过总变分 L_2 正则化惩罚项约束的损失函数记为

$$L_p = \omega_{\text{CNN}} \left\| f\left(\mu_p - Q_{\text{subjective}}\right) \right\| + \omega_{\text{TV}} \text{TV}(I_s) \tag{3-11}$$

式中，ω_{CNN}、ω_{TV} 是权重因子。

（3）训练方法

为了更好地拟合优化，训练采用具有 Nesterov 动量的自适应矩估计（adaptive moment estimation，ADAM）优化器来代替常规随机梯度下降算法。ADAM 优化器的学习率最初设定为 5×10^{-4}。为了平衡回归损失和总变分 L_2 正则化惩罚项约束的损失，我们设 $\omega_{\text{CNN}} = 10^4$，$\omega_{\text{TV}} = 10^{-2}$。除此以外，将总变分 L_2 正则化惩罚项约束应用于每一层输出的特征图。具体地，对每一层输出的特征图 I_{Feature}，计算其总变分 L_2 正则化惩罚项 $\text{TV}(I_{\text{Feature}})$，然后将其添加到特征图上并送入下一层，即

$$I'_{\text{Feature}} = I_{\text{Feature}} + \lambda_{\text{TV}} \text{TV}(I_{\text{Feature}}) \tag{3-12}$$

式中，I'_{Feature} 是送入下一层的特征图；λ_{TV} 是权重因子，实验中设为 5×10^{-3}。

3. 失真图像视觉权重图的验证

这里将对生成的失真图像视觉权重图进行验证，以确保所训练的失真图像视觉权重图模型的有效性。

（1）实验设置

使用4种公开的图像质量度量数据集（LIVE、CSIQ、TID2008 和 TID2013）来评估所预测的视觉权重图。由于上述数据集并没有提供视觉权重图的真值，故可通过评估所构建网络对失真图像的质量预测性能来间接验证视觉权重图的有效性。

具体地，首先将失真图像平均意见得分归一化到[0,1]（TID2008 和 TID2013 数据集），对差异平均意见得分值（LIVE 和 CSIQ 数据集）进行按比例翻转，以确保较大的值表示更好的图像质量。然后，使用皮尔逊线性相关系数（Pearson linear correlation coefficient，PLCC）与斯皮尔曼等级相关系数（Spearman's rank correlation coefficient，SROCC）来评价训练模型的图像质量预测性能。PLCC 与 SROCC 取值均在区间[−1,1]上，越接近 1，表示预测性能越好。

对每个公开的数据集，按照参考图像将其随机划分为训练集（80%的图像）和测试集（20%的图像），并确保训练集和测试集中没有同一参考图像的不同失真图像。为了增加训练集的数量，需要进行数据增广，即将训练集中的图像进行水平翻转。训练设为 80 轮（epoch）。

（2）网络质量预测性能评估

这里的网络质量预测性能评估，与图像质量度量方法的性能评估在本质上是一样的。选取 3 种全参考图像质量度量方法（PSNR[4]、SSIM 和 FSIM）与视觉权重图的生成方法进行比较。

表 3-1 所示比较了 4 种不同方法在 4 个数据集上的 PLCC 和 SROCC，其中字体加粗表示最好的性能（后同）。如表 3-1 所示，视觉权重图的生成方法实现了最好的性能。这主要得益于将客观错误图作为输入。

表 3-1　4 种不同方法在 4 个数据集上的 PLCC 和 SROCC 比较

方法	LIVE		CSIQ		TID2008		TID2013	
	SROCC	PLCC	SROCC	PLCC	SROCC	PLCC	SROCC	PLCC
PSNR	0.876	0.872	0.806	0.800	0.553	0.573	0.636	0.076
SSIM	0.948	0.945	0.876	0.861	0.775	0.773	0.637	0.691
FSIM	0.960	0.961	0.931	0.919	0.884	0.876	0.851	0.877
视觉权重图的生成方法	**0.981**	**0.982**	**0.961**	**0.965**	**0.947**	**0.951**	**0.939**	**0.947**

（3）视觉权重图生成性能评估

图 3-4 所示为生成的视觉权重图。其中，图 3-4（a）、（e）、（i）、（m）所示为失真图像，失真类型分别是 JPEG 2000 失真、JPEG 失真、白噪声和高斯模糊；图 3-4（b）、（f）、（j）、（n）所示为客观错误图；图 3-4（c）、（g）、（k）、（o）所示为视觉权重图；图 3-4（d）、（h）、（l）、（p）所示为视觉敏感度图。图中比较暗的区域表示更严重的失真。如图 3-4（d）所示，房屋周围的失真比岩石上的失真更明显。对白噪声这类失真，客观错误图中展示的像素误差均匀分布在图像上，如图 3-4（j）所示；但是视觉权重图中，平坦区域的失真比纹理区域上的失真更明显，如图 3-4（k）所示。这一结果与人类视觉系统的图像掩蔽效应一致。此外，对于高斯模糊，图 3-4（n）（客观错误图）主要强调了物体边缘的像素误差，而视觉权重图则能够察觉到纹理部分的失真。注意：对于高斯模糊，视觉敏感度对失真的反应与客观错误图类似，而与人类视觉系统不一致，这从侧面说明所提视觉权重图的有效性。

图 3-4　生成的视觉权重图

（4）总变分正则化的影响

最后，在确保网络质量预测性能的前提下，验证总变分正则化对生成的视觉权重图的影响。具体地，选用 4 个不同的权重进行训练（ω_{TV} 分别取 10^{-4}、10^{-3}、10^{-2} 和 10^{-1}）。

图 3-5 所示为不同的总变分正则化权重训练的网络生成的视觉权重图。

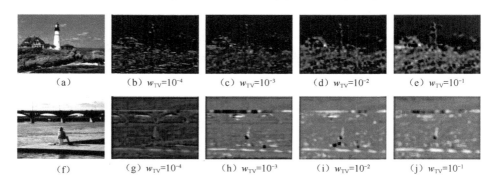

图 3-5　不同的总变分正则化权重训练的网络生成的视觉权重图

图 3-5（a）、（f）所示为失真图像，图 3-5（b）～（e）、图 3-5（g）～（j）所示分别为不同的总变分正则化权重训练的网络生成的视觉权重图。可以看到，ω_{TV} 过小时，生成的视觉权重图保留了原始图像的高频成分，存在较多的噪声；随着权重逐渐变大，生成的视觉权重图逐渐平滑，且符合人类视觉系统对失真的感知。但权重过大时，预测的视觉权重图又会出现过平滑现象，同样不利于明确失真区域的边界。因此，最终选择 $\omega_{TV} = 10^{-2}$。

为验证总变分正则化惩罚项的加入不会影响图像质量预测的性能，我们记录并分析了不同权重设置下超过 80 轮后，SROCC 和 PLCC 曲线的变化，如图 3-6 所示。

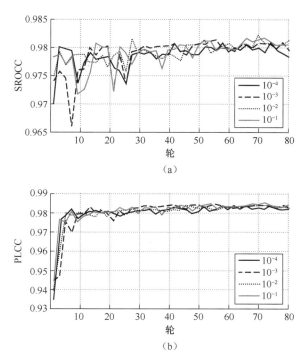

图 3-6　不同总变分正则化惩罚项权重下的 SROCC 和 PLCC 曲线

如图 3-6 所示，不同的权重下，SROCC 和 PLCC 的值没有明显差异，且均保持在较高的预测水平上。因此，总变分正则化惩罚项的加入提升了生成的视觉权重图的效果，且没有降低图像质量预测的性能。

通过上述实验，验证了生成的视觉权重图与人类视觉系统的一致性，从而为后面的失真图像的无参考图像质量度量方法提供权重先验。

3.1.3　基于视觉权重图的无参考图像质量度量方法的整体流程

如前所述，基于 CNN 的无参考图像质量度量会受训练数据不足的影响。常用的解决方法是将训练图像分割成一个个图像块，将原失真图像的质量赋予每一个分割以后的图像块。但是这样带来一个问题，就是由于失真的局部性（并非全部失真都是全局的）以及人类视觉系统的掩蔽效应，每一个图像块的质量并不是等于失真图像的质量。如何度量图像块的质量是基于图像块训练方法的一个核心问题。

早期方法认为图像块对应的质量评分真值就是整张图像的质量评分。设整张图像的质量评分为 $Q_{\text{subjective}}$，每个图像块的质量评分为 $Q_i(i=1,2,\cdots,M)$。其中，M 是图像块的个数。则该方法可形式化表示为

$$Q_i = Q_{\text{subjective}} \qquad (3\text{-}13)$$

通过分析视觉显著度与图像质量度量的关系，Bosse 提出将整张图像的质量评分按照图像块的显著度重新分配，在确保所有图像块对应的质量评分真值的平均值仍等于整张图像的主观评分的前提下，给每个图像块赋予不同的质量评分真值。该方法可形式化表示为

$$Q_i = s_i \cdot Q_{\text{subjective}} \qquad (3\text{-}14)$$

$$\sum_{i=1}^{M} s_i = 1 \qquad (3\text{-}15)$$

式中，s_i 是第 i 个图像块的显著度。

与上述方法不同，本章提出了一种新的图像块质量分配策略，通过引入视觉权重图来表述每个失真像素的视觉重要程度。在这里，并没有对整张图像的质量评分进行重新分配，而是利用视觉权重图直接为图像块预测质量加权，然后通过训练一个端到端的质量度量回归网络，实现了良好的预测精度。与 Bosse 所提方法相比，这里使用的视觉权重图是通过网络直接学习得到的，而图像显著度则是基于手工设计的特征计算得到的。相较而言，视觉权重图减少了手工设计特征的开销。

本节方法的整体流程如图 3-7 所示。

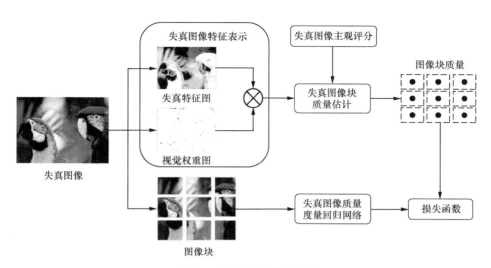

图 3-7　本节方法的整体流程

该方法可分为 3 个模块：失真图像特征表示、失真图像块质量估计以及失真图像质量度量回归网络。注意：视觉权重图是利用 3.1.2 节预训练好的网络生成的，虽然视觉权重图网络在预训练阶段利用了参考图像，但那是在公开的图像质量度量数据集上进行的，所使用的训练样本并不要求与本节中训练样本对应。更重要的是，本节方法在实际使用时，并不需要失真图像对应的参考图像。因此，本节方法依然属于无参考图像质量度量方法。

下面详细介绍本节方法的 3 个模块。

1. 失真图像特征表示

（1）视觉权重图

通过 3.1.2 节介绍的方法已经获得了视觉权重图。需要注意的是，获取的视觉权重图的长度和宽度分别是输入图像大小的 1/4。为方便后续失真图像质量度量回归网络，需要将视觉权重图恢复到输入图像的原始大小。具体地，使用双线性插值将其调整到输入图像的原始大小，并将插值后的视觉权重图记为 I_v，其中的每个像素反映了该像素对应输入图像的视觉敏感度。

（2）失真特征图

失真图像的失真特征图 I_f 可由 SSIM 提取。SSIM 从图像构造的角度将图像结构信息定义为亮度和对比度，并将失真图像失真建模为亮度、对比度和结构相似程度 3 个不同因素的组合。其中，标准差代表对比度的估计，均值代表亮度的估计，协方差代表结构相似程度的估计。SSIM 本身是全参考图像的质量度量指标，无法直接用于失真图像质量度量。此外，SSIM 计算结果是一个标量，仅能反映图像总体结构的失真程度，不能表征像素级别的失真程度。因此，我们利用二次降质的方式，给失真图像添加白噪声、高斯模糊等，并计算失真图像与二次降质图像的 SSIM，根据 SSIM 的变化情况，给出失真图像每一个像素的结构重要程度。

图 3-8 所示分别为失真图像的视觉权重图与失真特征图。其中，图 3-8（a）~（d）所示分别为 JPEG 2000 压缩失真、JPEG 失真、白噪声失真和高斯模糊失真。图 3-8（e）~（h）所示分别为对应的失真特征图。图 3-8（i）~（l）所示分别为对应的视觉权重图。

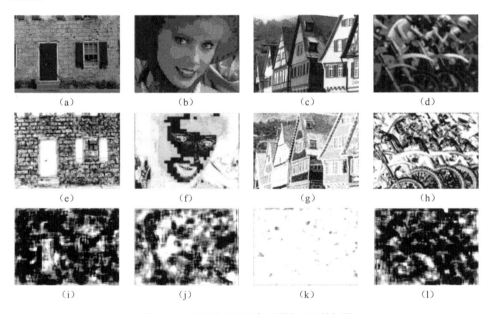

图 3-8　失真图像的视觉权重图与失真特征图

（3）失真图像特征表示

在进行失真图像块质量估计之前，需要对视觉权重图 I_v 与失真特征图 I_f 进行特征聚合。我们的目标是估计失真图像 I_d 分割的图像块 $\{P_1, P_2, \cdots, P_N\}$ 的质量 $\{S_1, S_2, \cdots, S_N\}$。其中，$N$ 是失真图像非重叠分割后的图像块的数量；P_i 是第 i 个图像块；S_i 是第 i 个图像块的质量。所有的图像块都有相同的大小，具体划分方式参见 3.1.2 节。

我们采用以下聚合策略来得到整个失真图像的加权图像特征。

$$F_{\mathrm{d}} = \frac{\sum\limits_{(i,j)\in I_{\mathrm{v}}} I_{\mathrm{v}}(i,j) \times I_{\mathrm{f}}(i,j)}{\sum\limits_{(i,j)\in I_{\mathrm{r}}} I_{\mathrm{v}}(i,j)} \tag{3-16}$$

式中，F_{d} 是整幅图像的加权图像特征；(i,j) 是对应失真图像中的像素点位置。

与此同时，失真图像块的加权图像块特征采用以下聚合策略：

$$F_{P_i} = \frac{\sum\limits_{(i,j)\in P_i} I_{\mathrm{v}}(i,j) \times I_{\mathrm{f}}(i,j)}{\sum\limits_{(i,j)\in P_i} I_{\mathrm{v}}(i,j)} \tag{3-17}$$

式中，(i,j) 是对应失真图像块中的像素点位置。

失真图像的加权图像块特征是 $\left\{ F_{P_1}, F_{P_2}, \cdots, F_{P_N} \right\}$。

2. 失真图像块质量估计

上述失真图像的加权图像特征表示可以直接反映失真图像的质量。因此，我们用一个线性函数 f 来映射失真图像主观质量分数 S_{d} 和加权图像特征 F_{d}。假定这两者之间的关系是一个简单的正比例函数，函数形式如下：

$$f(F_{\mathrm{d}}) = kF_{\mathrm{d}} \tag{3-18}$$

$$S_{\mathrm{d}} = f(F_{\mathrm{d}}) \tag{3-19}$$

式中，k 是线性函数的放缩因子，每一个失真图像都有一个放缩因子。

最终，在放缩因子 k 的帮助下，失真图像块 $P_i (i=1,2,\cdots,N)$ 的质量是加权图像块特征乘以放缩因子 k：

$$S_i = kF_{P_i} \tag{3-20}$$

值得注意的是，从一个失真图像采样的所有失真图像块的感知质量对人类视觉系统来说是不同的，因此，失真图像块质量分布在相应失真图像质量主观分数的周围。图 3-9（a）所示为带有 JPEG 2000 压缩失真的失真图像，图 3-9（b）所示为失真图像块的质量得分分布图。其中，虚线表示该失真图像质量主观分数，实线表示从该失真图像采样的图像块的"真实"质量得分，也就是经过视觉权重图加权后的图像块得分。如图 3-9（b）所示，失真图像块的质量评分分布在失真图像质量主观分数两侧，综合质量分数则趋于人的主观质量评分。这也符合人类视觉系统的特点。

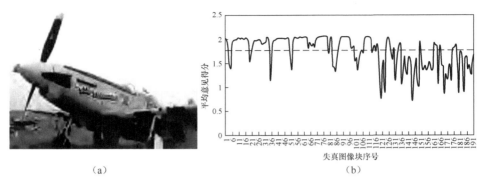

（a）　　　　　　　　　　　　　　　　（b）

图 3-9　失真图像块质量与相应失真图像质量的关系

3. 失真图像质量度量回归网络

我们为本节方法设计一个总体与 3.1.2 节介绍的生成失真图像视觉权重图的网络结构类似的质量度量回归网络，如图 3-10 所示。

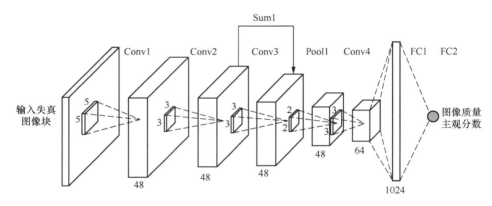

图 3-10　失真图像质量度量回归网络

对于输入的失真图像，我们先将其分割成 N 个没有重叠的图像块。针对每一个图像块：一方面，通过 3.1.2 节介绍的网络生成视觉权重图，同时提取失真特征图，并送入图像块质量估计模块计算真实图像块质量；另一方面，将其送入失真图像质量度量回归网络，并把输出的特征回归到真实图像块质量。

这里需要说明 3 点注意事项。

（1）失真图像质量度量回归网络与 3.1.2 节介绍的失真图像视觉权重图生成网络不同，这里输入网络的是失真图像块，并不要求同一批次的训练样本来自同一张图像。

（2）这里的视觉权重图是通过 3.1.2 节介绍的网络在公开数据集上预训练的模型生成的。因此，在训练阶段，并不需要参考图像，确保方法满足无参考图像质量度量的要求。

（3）在训练阶段，输入失真图像质量度量回归网络的是图像块。在测试阶段，输入质量度量回归网络的是整张图像，只不过是分别计算每个图像块的预测评分，然后进行聚合。由于所训练的模型已经考虑了视觉权重，故直接使用均值即可。

下面简要介绍失真图像质量度量回归网络的网络结构与训练设置。

（1）网络结构

失真图像质量度量回归网络基于残差结构。如图 3-10 所示，网络包含 4 个卷积层（Conv1、Conv2、Conv3 与 Conv4），并且都采用 ReLU 作为激活函数，一个求和层（Sum1），一个池化层（Pool1，采用 max-pooling 策略），以及最后两个全连接层（FC1，FC2）做非线性映射。

① 网络结构设计

首先，我们使用卷积核是 5×5 和 3×3 的卷积层来连续提取不同局部感受野特征。每一个卷积层采用 ReLU 作为激活函数。为更好地优化反向传播，并减少梯度消失，这里模仿 Deep Residual 网络，增加一个求和层，将 Conv2 和 Conv3 的输出结果加起来作为单独的一层。为了保证两者相加的维度相同，我们需要在 Conv3 的周围用 0 填充一层像素来保证输出的维度不会因为卷积的原因而改变。求和层的特征图被送到了池化层，结合 max-pooling 策略，就可以高效地将特征图降维到可控的大小，同时保证特征旋转、平移、缩放不变性。在网络最后，使用两个全连接层将特征回归到图像块的质量。ReLU 只作用在第一个全连接层。同时，使用 Dropout 技术减少时间消耗并防止过拟合。

这里补充简单介绍残差层的原理，如图 3-10 所示，浅层网络（Conv2）的输出可以通过求和跳过某些层（Conv3），进入深层（Conv4）。这样的话，在梯度反向传播时，来自深层（Conv4）的梯度就能够直接通向 Conv2，使浅层（Conv2）的网络参数得到更为有效的训练。

再介绍一下 Dropout 技术的工作原理，如图 3-11 所示。

Dropout 技术可随机（临时）撤销网络中全连接层中占一定比重的神经元，而保持输出神经元的大小不变。前一层的参数通过修改后的全连接层进行前向传播，然后把经过损失函数计算后的梯度通过修改后的全连接层反向传播回来，并进行参数更新。每一个批次训练样本执行这一过程后，恢复被撤销的神经元的函数功能。如此继续进行下一轮的 Dropout，直到训练结束。

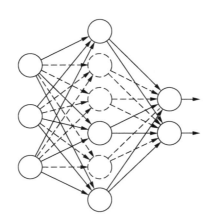

图 3-11 Dropout 技术的工作原理（虚线表示临时被删除的神经元）

② 损失函数

质量度量回归网络的损失函数是最小化平方差损失：

$$L_{\text{reg}} = \min \left\| f\left(P_i, \theta\right) - S_i \right\|^2 \left(i = 1, 2, \cdots, N\right) \tag{3-21}$$

式中，P_i 表示输入的失真图像块；S_i 表示经过图像块质量估计后的主观质量；$f\left(P_i, \theta\right)$ 表示质量度量回归网络预测的 P_i 的质量（预测得分）；θ 表示网络中可学习的参数。通过最小化目标函数（3-21），可使预测的质量逐渐靠近失真图像块的主观质量分数。

表 3-2 所示为本节方法用到的 CNN 结构参数情况。

表 3-2 本节方法用到的 CNN 结构参数情况

层名	补零策略	卷积核大小	步长	输出特征图大小
输入图像	0	—	—	32×32×3
Conv1/ReLU1	0	5×5	1	28×28×48
Conv2/ReLU2	0	3×3	1	26×26×48
Conv3/ReLU3	1	3×3	1	26×26×48
Sum1	—	—	—	26×26×48
Pool1	—	2×2	2	13×13×48
Conv4/ReLU4	0	3×3	1	11×11×64
FC1/ReLU5	—	—	—	1024
FC2	—	—	—	1

（2）训练设置

① 图像预处理

尽管在某些应用中亮度和对比度变化可以被认为是失真，但本书认为它们属于数据增强类别，不属于要考虑的图像失真类型。与 3.1.2 节介绍的方法类似，本节采用简单的局部对比度归一化方法，在将图像块输入失真图像质量度量回归网络之前，对其进行均值减法和除法归一化操作。这种方法有助于更快速地优化到全局最优解。

② 训练策略

在式（3-21）中，使用具有标准反向传播的随机梯度下降（stochastic gradient descent，SGD）算法来最小化预测得分和图像主观质量之间的损失。在 SGD 算法中，学习率最初设置为 0.01，然后每 10 轮学习率变为之前的十分之一，达到 0.0001 之后，变为固定值。在质量度量网络训练过程中，SGD 算法中的动量因子和权重衰减分别固定设置为 0.9 和 0.0005。在训练时候执行 SGD 算法直到收敛，并保存在测试数据集上选择表现性能最好的模型。

3.1.4　实验结果与分析

本节将进行一系列实验来证明前面提出的无参考图像质量度量方法的有效性。首先介绍实验用的数据集与评价指标，然后比较在公开数据集上的性能，特别测试了本节方法预测局部失真的能力。最后，实验测试了所设计的图像块质量估计策略对于度量结果的影响。此外，本节还给出了交叉数据集验证，以检验本节方法的泛化能力。

1. 数据集与评价指标

（1）数据集

本实验要采用两个图像质量度量数据集：LIVE 数据集和 TID2008 数据集。在 TID2008 数据集中，最后两种失真类型［平均位移（强度移位）和对比度变化］属于数据增强的范畴[2]，不在度量范围内。

（2）评价指标

为了评估算法的表现，在实验中选用两种相关系数：SROCC 和 PLCC。两种相关系数的计算方法为

---

[2] 数据增强是视觉中为扩大数据集样本而常用的手段，例如将图像进行翻转、对比度改变、均值平移等。这类操作虽然使失真图像与原始无损伤图像视觉效果不同，但是就图像本身而言，上述操作并没有引入失真，所展示的图像在没有原始无损伤图像作参考时，人类视觉系统是无法判断它是否失真的。

$$SROCC = \frac{\sum_{i=1}^{n}(u_i - \overline{u})(v_i - \overline{v})}{\sqrt{\sum_{i=1}^{n}(u_i - \overline{u})^2 \sum_{i=1}^{n}(v_i - \overline{v})^2}} \qquad (3\text{-}22)$$

$$PLCC = \frac{\sum_{i=1}^{n}(x_i - \overline{x})(y_i - \overline{y})}{\sqrt{\sum_{i=1}^{n}(x_i - \overline{x})^2 \sum_{i=1}^{n}(y_i - \overline{y})^2}} \qquad (3\text{-}23)$$

式中，x，y 分别表示预测的图像质量评分与主观评分；u，v 为对应评分的排序值。$\overline{(\cdot)}$ 表示平均值，n 表示测试图像数。

SROCC 的取值在 0 到 1 之间，越接近 1，表明拟合程度越高；PLCC 的取值也在 0 到 1 之间，越接近 1，表明线性相关性越高。

2. 公开数据集性能对比

为验证方法的有效性，在公开数据集上进行对比实验，对比方法包含 3 个比较先进的全参考图像质量度量方法（PSNR、SSIM 和 FSIM）和 5 个目前最先进的无参考图像质量度量方法（BRISQUE[5]、NIQE、Kang 等[6]所提方法、BIECON[7] 和 HIQA[8]）。对于 Kang 等[6]所提方法和 HIQA，由于都是基于深度学习的，为确保实验结果令人信服，在公开数据集上利用统一的策略进行重新训练。

具体地，将参考图像随机分成两个子集（80%的图像用于训练、20%的图像用于测试），并且它们相应的失真图像以相同的方式分开，以便两个子集没有重叠。为了消除数据分割引起的误差，在重复 20 次实验之后，将相关系数平均化。在训练及测试过程中，图像块的大小为 32×32，且图像块之间无重叠。对 Kang 等[6]所提方法和 HIQA，按照上述的实验策略训练，并取最好的结果，以确保实验结果的公平性。

表 3-3 所示为本节方法与其他对比方法在 LIVE 数据集上的 SROCC 实验结果，表 3-4 所示为本节方法与其他对比方法在 LIVE 数据集上的 PLCC 实验结果。

表 3-3　本节方法与其他对比方法在 LIVE 数据集上的 SROCC 实验结果

方法		JPEG 2000	JPEG	WN	GB	FF	总体
FRIQA	PSNR	0.895	0.881	0.985	0.782	0.891	0.876
	SSIM	0.961	0.972	0.969	0.952	0.956	0.948
	FSIM	0.970	0.981	0.967	0.972	0.949	0.964

续表

方法		JPEG 2000	JPEG	WN	GB	FF	总体
NRIQA	BRISQUE	0.914	0.965	0.979	0.951	0.877	0.940
	NIQE	0.917	0.938	0.967	0.934	0.859	0.914
	Kang 等[6]所提方法	0.951	0.977	0.978	0.962	0.908	0.956
	BIECON	0.952	0.974	0.980	0.956	0.923	0.961
	HIQA	0.983	0.961	0.984	0.983	0.989	**0.982**
	本节方法	0.960	0.981	0.975	0.951	0.943	0.973

表 3-4　本节方法与其他对比方法 LIVE 数据集上的 PLCC 实验结果

方法		JPEG 2000	JPEG	WN	GB	FF	总体
FRIQA	PSNR	0.876	0.903	0.917	0.780	0.880	0.856
	SSIM	0.941	0.946	0.982	0.900	0.951	0.906
	FSIM	0.910	0.985	0.976	0.978	0.912	0.960
NRIQA	BRISQUE	0.922	0.973	0.985	0.951	0.903	0.942
	NIQE	0.937	0.956	0.977	0.952	0.913	0.915
	Kang[6]所提方法	0.953	0.981	0.984	0.953	0.933	0.953
	BIECON	0.965	0.987	0.970	0.945	0.931	0.962
	HIQA	0.977	0.984	0.993	0.990	0.960	**0.982**
	本节方法	0.966	0.988	0.977	0.951	0.945	0.969

如表 3-3、表 3-4 所示，本节方法优于已有最先进的 FRIQA 方法。与现有 NRIQA 方法比较，本节方法仅略低于 HIQA 的准确度。这并不意味着我们的方法性能弱于 HIQA，事实上，随着预测的准确性越来越高甚至接近 100%，性能提升没有实际上的意义，反而面临着过拟合的风险。在接下来的交叉数据库验证中会给出更加全面的分析。

本节方法与其他对比方法在 TID2008 数据集上的 SROCC 实验结果如表 3-5 所示。表中每一种失真类型采用#加数字的格式来呈现，TID2008 数据集考虑了更多的失真类型，也具有更大的挑战难度。实验共比较了 5 种无参考图像质量度量方法（BRISQUE、Kang 等[6]所提方法、CNN-IPM[9]、HOSA[10]、RankIQA[11]）。总体上，本节方法均优于已有的无参考图像质量度量方法，并提高了在大多数失真类型上的性能表现。具体而言，在#14（非偏心模式噪声）和#15（不同强度的局部块状失真）等失真类型上显著改进，侧面验证了基于视觉权重图的图像块质量估计的有效性。上述结果表明，本节方法显著改进了预测的精度以及鲁棒性。

表3-5　本节方法与其他对比方法在 TID2008 数据集上的 SROCC 实验结果

方法	#1	#2	#3	#4	#5	#6	#7	#8	#9
BRISQUE	0.886	0.887	0.819	0.794	0.932	0.931	0.799	0.783	0.677
Kang 等[6] 所提方法	0.790	0.744	0.767	0.851	0.882	0.827	0.700	0.899	0.919
CNN-IPM	0.908	0.876	0.915	0.867	0.928	0.890	0.842	0.945	0.867
HOSA	0.854	0.630	0.792	0.356	0.908	0.765	0.834	0.882	0.860
RankIQA	0.891	0.785	0.914	0.630	0.851	0.880	0.910	0.835	0.894
本节方法	0.914	0.883	0.920	0.865	0.931	0.912	0.901	0.953	0.890
方法	#10	#11	#12	#13	#14	#15	总体		
BRISQUE	0.842	0.832	0.440	0.827	0.003	0.456	0.618		
Kang 等[6] 所提方法	0.908	0.930	0.839	0.808	0.513	0.718	0.621		
CNN-IPM	0.939	0.920	0.837	0.805	0.736	0.752	0.861		
HOSA	0.893	0.942	0.747	0.701	0.199	0.327	0.743		
RankIQA	0.826	0.898	0.704	0.810	0.532	0.612	0.785		
本节方法	0.938	0.948	0.840	0.834	0.807	0.812	**0.886**		

3. 局部失真预测可视化

为了说明本节方法对图像局部失真预测的有效性，实验还测试了本节方法预测局部质量的能力。通过训练模型，本节方法可以在不使用参考图像的情况下预测局部质量得分。具体地，在滑动窗口为 16×16 的情况下预测 32×32 的局部块质量得分图，并将预测的得分量化到区间[0,255]中，形成用于可视化的质量得分图，如图3-12 所示。

（a）	（b）	（c）	（d）
（e） MOS=1.000	（f） MOS=1.824	（g） MOS=4.161	（h） MOS=1.152

图3-12　预测质量可视化图像

图 3-12（a）~（d）所示分别为 JPEG 2000 压缩失真、JPEG 失真、白噪声失真、高斯模糊失真的失真图像，并且都是相应失真程度下最严重的失真。图 3-12（e）~（h）所示分别为预测的可视化的局部质量得分图。失真越严重的地方，图像的颜色越逐渐趋向于黑色。如图 3-12 所示，预测的局部质量得可以准确地反映失真的位置以及失真的程度，并且真实地反映人类视觉系统对于失真的感知情况。

4. 图像块质量估计的影响

为了说明所提出的图像块质量估计策略在本节方法中的重要作用，进行以下验证实验。表 3-6 所示为 4 种图像块质量估计策略在 TID2008 数据集上的 SROCC 实验结果。本实验测试了 3 种局部失真（QN，量化噪声；NEPN，非偏心图像噪声；LBD，不同强度的局部块状失真）。4 种不同的图像块质量估计策略：本节方法（w/o SSIM and weight）表示没有引入失真特征图和视觉权重图，每一个图像块的质量就是整个图像的质量；本节方法（w SSIM）表示没有使用视觉权重图，而仅使用失真特征图作为图像块质量的加权函数；本节方法（w SSIM and sensitivity）表示使用失真特征图和 3.1.2 节网络生成的视觉敏感度图进行图像块质量加权；本节方法（w SSIM and weight）表示引入失真特征图和视觉权重图。

表 3-6　4 种图像块质量估计策略在 TID2008 数据集上的 SROCC 实验结果

方法	QN	NEPN	LBD	总体
本节方法（w/o SSIM and weight）	0.731	0.612	0.709	0.753
本节方法（w SSIM）	0.840	0.730	0.748	0.855
本节方法（w SSIM and sensitivity）	0.850	0.745	0.762	0.860
本节方法（w SSIM and weight）	**0.901**	**0.807**	**0.812**	**0.885**

如表 3-6 所示，视觉权重图对性能增益有显著提高：在失真特征图和视觉权重图双重作用下，NEPN 预测准确性提高了约 31.9%，性能增益最多；其次是量化噪声，性能增益约 23.3%；LBD 性能增益约 14.5%。从表 3-6 所示也可以看出视觉权重图比视觉敏感度图更适合预测局部失真。

图 3-13 所示进一步展示了不同特征表示方式在两种局部失真类型上预测局部质量的效果。图 3-13（a）、（e）所示分别为失真类型为 QN 和 LBD 的失真图像，图 3-13（b）、（f）所示分别为对应的失真特征图，图 3-13（d）、（h）所示分别为预测的视觉权重图，图 3-13（d）、（h）所示则展示了生成的局部得分质量图。从图中可以看出，失真特征图主要关注结构失真，而 QN、LBD 等是非结构的局部失真，当仅使用失真特征图来提取失真特征时，仅仅探测的是像素误差。视觉权

重图对图像区域的失真敏感度表现较好，但在确定对应图像的具体位置（如某条边缘）时，比较模糊。通过聚合失真特征图与视觉权重图，一方面降低了非视觉敏感区域特征的重要性，另一方面保留了视觉敏感区域的精确性，从而提升了算法的整体预测性能。

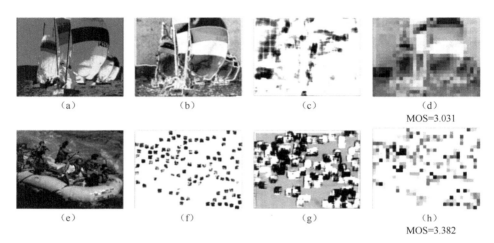

图 3-13　不同特征表示方式在两种局部失真类型上预测局部质量的效果

5. 交叉数据集验证

为了评估算法的泛化能力，本节使用 LIVE 数据集训练了本节方法，然后在 TID2008 数据集上进行交叉数据集验证。由于 TID2008 数据集包含更多的失真类型，因此仅对 LIVE 和 TID2008 数据集共享的 4 种失真类型进行交叉验证实验。LIVE 中的 DMOS 取值在 0 到 100 之间，而 TID2008 数据集中 MOS 得分取值在 0 到 9 之间，为了确保实验的一致性，我们对训练模型产生的预测得分进行非线性映射。具体地，使用基于逻辑回归的非线性映射匹配预测的 DMOS 和 MOS 来评估 SROCC。为确定逻辑回归的参数，将 TID2008 数据集随机分成 80% 和 20% 两部分，80% 的数据用于估计逻辑函数的参数，20% 的数据用于验证。

对比方法在 LIVE 数据集和 TID2008 数据集交叉测试的结果如表 3-7 所示。

表 3-7　对比方法在 LIVE 数据集和 TID2008 数据集交叉测试的结果

方法	CORNIA	BRISQUE	CNN	HIQA	本节方法
SROCC	0.890	0.992	0.920	0.934	**0.951**
PLCC	0.880	0.892	0.903	0.917	**0.935**

和 4 种目前先进的无参考图像质量度量方法进行对比可以看到，尽管 HIQA 在 LIVE 数据集上表现优于本节方法，但是本节方法的泛化能力优于 HIQA。因此，从综合表现来看，本节方法并不弱于 HIQA。

3.2 基于局部显著度的无参考虚拟视点图像质量度量方法

3.2.1 概述

随着移动终端以及无线网络技术的发展，DIBR 技术逐渐受到远程交互式图形图像应用的青睐。常见 DIBR 技术的应用包括但不限于 3DTV、自由视点视频、立体视频，以及交互式三维图形绘制等。为保证 DIBR 系统的服务质量，给用户提供较高的用户体验，有必要研究虚拟视点图像质量度量，并将虚拟视点图像质量度量结果反馈给 DIBR 系统，以指导或优化参考视点深度图像获取、编码与传输、虚拟视点合成、显示等环节。

虚拟视点图像的质量损伤是一个高耦合、多因素的事件。其中，虚拟视点合成环节引入的几何失真对用户的视觉感知影响最大。参考视点图像经过三维图像变换后，得到的虚拟视点图像存在严重的几何失真，如空洞、裂缝等。其中，裂缝主要是三维图像变换方程的舍入误差引起的；空洞则是从参考视点变换到虚拟视点时物体的遮挡关系发生了变化（在参考视点下被遮挡的物体到虚拟视点下变得可见，然而三维图像变换本身并不能推断上述不可见的像素）引起的。

上述两类失真均符合以下特点。

（1）非一致性。空洞主要分布在场景中物体的边缘，以及整张图像的边界。前者又被称为暴露失真（disocclusion distortion），后者也被叫作外插失真（extrapolation distortion）。裂缝则主要分布在场景中层次变化明显的地方。

（2）局部性。无论是物体边缘、图像边界，抑或是场景中变换明显的地方，都与参考视点图像对应的深度不连续边（depth discontinuous）有关。在图 3-14 所示的参考视点图像对应的深度图中，椭圆框标出了不连续边。

（a）参考视点图像　　　　　　　　　　　（b）参考视点深度图

图 3-14　参考视点图像及对应的深度图

如图 3-14 所示，深度图中的不连续边反映了场景中的遮挡关系，在局部区域具有较强的一致性，在整体图像中往往也是奇异的，并且难以使用线性方程表示。因此，空洞和裂缝也具有整体非一致性和局部性的特点。

为提升虚拟视点图像的视觉质量，虚拟视点合成往往会包含一个后处理，其主要目的是消除虚拟视点图像中的空洞和裂缝。对裂缝而言，通过中值滤波等方法处理后可得到较好的视觉效果，代价是增强后的图像会变得模糊。对空洞来说，现有的空洞填补方法在空洞面积较小时效果尚可，但当空洞面积较大时，非但不能取得较好的视觉效果，反而会引入鬼影、拉伸等新的失真。例如，对图像边界的空洞，使用 Criminisi 图像修复方法会生成杂乱无章的颜色块[12]；使用中值滤波方法则会产生明显的拉伸失真[13]，如图 1-5（d）所示。这些由空洞填补方法引入的失真区域往往与空洞区域重合，因而也具有非一致性、局部性等特点，被归为几何失真。

传统的图像质量度量方法主要是针对图像在编码与传输过程中引入的失真设计的。以编码失真为例，目前主流的编码框架（如 H.264/HEVC 等），均采用基于离散余弦变换的量化编码。原始图像经过离散余弦变换后，其离散余弦变换系数使用不同的步长量化，在重建的时候再反变换回图像空间。上述量化编码会导致重建图像中存在明显的模糊与块效应等。离散余弦变换是对整张图像进行的，因此重建图像中的量化失真也会均匀地分布在整张图像中。另外，噪声、模糊等失真也与图像编码与传输过程密切相关，且降质过程可以用参数化的方程来表征。上述失真类型与几何失真不同，从而为上述失真设计的图像质量度量指标用于度量虚拟视点图像质量时，在虚拟视点图像主观数据集上的表现并不是很好。

近年来，已有的一些虚拟视点图像的质量度量指标，大多数是全参考图像的方法，需要已知虚拟视点图像对应的参考图像。该类方法主要根据自然场景先验来识别图像中的几何失真，并据此量化图像质量评分。典型的方法如 3DswIM，将虚拟视点图像与对应的参考图像同时变换到小波域，然后提取各自的去均值对比度归一化系数，通过比较二者的差异就可预测虚拟视点图像的失真程度。然而，相较传统的图像失真（如噪声、JPEG 压缩等），几何失真对应的去均值对比度归一化系数很难与原始无损失图像区分开来。因此，基于自然场景统计的方法对虚拟视点图像质量预测效果的提升有限。引入深度信息[14]或者首先识别出虚拟视点图像中的空洞区域[15]，有助于提升对虚拟视点图像质量预测的效果。但是，这些方法或依赖于原始无损伤的深度图，或依赖于准确的空洞检测方法，对经过空洞填补后的虚拟视点图像的评估性能的提升同样有限。现有无参考图像的虚拟视点图像质量度量方法仅有 NIQSV+[16]与 APT[17]。前者假设几何失真对形态学变换敏感，通过比较虚拟视点图像在形态学变换前后的差异来预测图像质量；后者则假设几何失真与图像中的高频变化相关，从而使用局部自相关性来预测图像质量。上述方法均取得了较好的预测效果，然而仍依赖于手工设计的特征，计算复杂度高。此外，NIQSV+与 APT 所提出的假设对仅包含空洞的虚拟视点图像较为适用，对经过空洞填补后的图像并不一定适用。

近年来，深度学习技术被引入图像质量度量，并且在传统图像主观数据集（如 LIVE、TID2008）上取得了较好的预测效果。其核心思想是利用 CNN 的非线性特征表示能力，实现网络输出与图像主观评分的非线性回归。目前主流的图像主观数据集样本数较少，直接使用最新的网络结构进行训练时有可能出现训练偏差，因此，在实际训练时，往往需要扩展训练样本集。然而，图像质量度量任务与其他视觉任务（如图像识别、分类等）不同，常用的训练样本集增广方式（如图像旋转、裁剪、翻转等）均会改变图像的视觉质量。已有的基于深度学习的图像质量度量方法大多首先采用图像分块的方式，即将整张图像裁剪为若干图像块，并提取每个图像块的特征，然后预测得到每个图像块的质量评分。最后将每个图像块的质量评分拟合为整张图像的质量评分。在训练过程中，现有方法大多为每个图像块赋予与整张图像相同的质量评分，这一策略虽然在传统图像主观数据集上取得了较好的效果，然而却违背了单个图像块的质量与整张图像的质量不完全一致这一直观认识。

Bosse 等[18]在 2016 年提出用图像显著度为图像块预测的质量评分加权，在公开数据集，如 LIVE，TID2013 上取得了较好的效果。本书作者在 2018 年提出用图像的视觉权重图对图像块预测的质量进行加权，相较 Bosse 等所提方法，在局部失真上表现更好。具体细节参见 3.1 节。

在已有工作的基础上，针对虚拟视点图像中的失真类型与特点，本节提出一种新的基于局部显著度的无参考虚拟视点图像质量度量方法。该方法利用卷积神经网络提取虚拟视点图像块的特征，并与图像质量度量网络联合预测虚拟视点图像块的质量。考虑不同图像块的质量对整张图像质量的贡献不同，通过分析几何失真在图像局部区域与在整张图像中的表现，提出了使用局部显著度来加权图像块的质量对整张图像质量的贡献程度。为消除可能的训练偏差，该方法构建了一个新的虚拟视点图像主观数据集。实验结果表明，本节提出的无参考虚拟视点图像质量度量方法在 IRCCyN/IVC DIBR 虚拟视点图像数据集，以及自主构建的数据集上的表现均优于现有的无参考虚拟视点图像质量度量方法。

3.2.2　虚拟视点图像局部显著度

1. 显著度与图像失真

显著度是图像的重要视觉特征，体现了人眼对图像的某些区域的重视程度。在经典的图像显著度模型中，通过手工设计或经由学习得到的特征，可得到每个像素的显著度。计算得到的每个像素的显著度一般在 0～1 的范围内，值越大，表示该像素越显著。为方便观察像素显著度，将整张图像中所有像素的显著度量化到 0～255 范围，就得到一张灰度图，一般叫作显著图或显著度图。显著度图中的每个像素的取值越大，表示该像素的显著度越大，在图像中越显著。显著度图的计算过程为

$$S = F(I; \Theta) \tag{3-24}$$

式中，S 表示显著度图；F 是图像显著度模型；I 表示待测图像；Θ 表示特征或可学习的参数。其中每个像素点 p 的显著度记为 $s(p)$。

由于显著度构建了像素标签与人眼视觉重视程度之间的映射关系，使用图像块的显著度占比能够反映图像块在整张图像中的人眼重视程度。由人类视觉系统可知，图像中显著的区域，其失真往往更易为用户所感知；反之，图像中不显著的区域，其失真往往难以被察觉。因此对应图像块的预测评分应赋予更大的权重；反之亦然。

基于上述假设，Bosse 等[18]提出使用显著度对图像块的主观评分进行加权。具体来说，首先将图像分为若干图像块，然后通过一个 CNN 提取图像块特征并得到预测评分。与此同时，利用网络学习得到整张图像的显著度图。在图像块评分汇

聚到整张图像的评分时，计算每个图像块的显著度 $S(\Omega_x) = \sum\limits_{p \in \Omega_x} s(p)$。式中，$\Omega_x$ 表示某一图像块，$s(p)$ 是每个像素点 p 的显著度。最后，利用显著度对图像块评分进行加权，并设计了基于图像显著度的损失函数：

$$L_{\text{Base}} = \left| \sum_x S(\Omega_x) F(\Omega_x; \boldsymbol{W}, \boldsymbol{B}) - Q_{\text{subjective}} \right| \qquad (3\text{-}25)$$

式中，F 表示 CNN；$\boldsymbol{W}, \boldsymbol{B}$ 分别是网络中的权重与偏置，属于可学习的参数；$Q_{\text{subjective}}$ 是失真图像的主观质量分数。

Bosse 等[18]提出的方法在传统图像质量度量数据集，如 LIVE，TID2013 上取得了一定的效果。然而，仔细分析性能表现，发现其对于图像中的局部失真表现较差。究其原因，显著度加权方式对均匀分布的失真表现较好。若图像中的失真均匀分布在整张图像中（如传统的量化编码失真），图像块的显著度占比能忠实地反映该图像块中内容在整张图像中的受重视程度，并不会受到失真的影响。图 3-15 所示为参考图像以及 JPEG 2000 压缩后的失真图像及其对应的显著性图。

（a）参考图像

（b）JPEG 2000压缩后的失真图像

（c）参考图像对应的显著度图

（d）JPEG 2000压缩后的失真图像对应的显著度图

图 3-15　参考图像与 JPEG 2000 压缩后的失真图像及其对应的显著度图

由图 3-15 所示，参考图像在经历了 JPEG 2000 压缩失真后，在显著度上几乎没有明显改变。这与人的视觉感知一致，即 JPEG 2000 压缩失真均匀分布在整张图像中，其失真情况与图像块自身的显著度一致：图像块越显著［对应图 3-15（b）中的前景，如楼房的墙壁］，显著度也越高［对应图 3-15（d）中的较亮的区域］；反之，图像块越不显著［对应图 3-15（b）中背景树木］，显著度也越低［对应图 3-15（d）中较暗的区域］。

然而，上述观察到的经验并不能很好地解释非均匀的失真，即 3.1 节提到的量化噪声、非偏心图像噪声等局部失真，以及本节重点关注的几何失真。

2. 局部显著度与几何失真

图 3-16 所示为虚拟视点图像与对应的显著度图。其中，图 3-16（a）所示为虚拟视点图像；图 3-16（b）所示为对应的显著度图，较亮的像素表示较高的显著度。

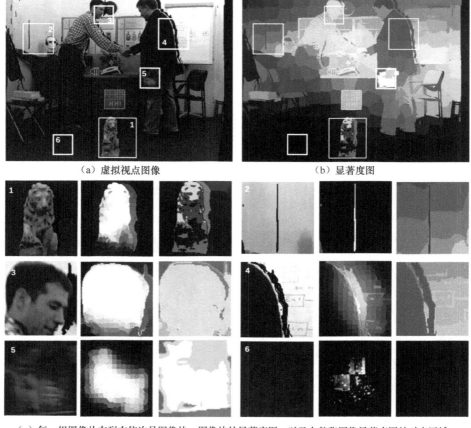

（a）虚拟视点图像　　　　　　　　　　　　（b）显著度图

（c）每一组图像从左到右依次是图像块、图像块的显著度图，以及在整张图像显著度图的对应区域

图 3-16　含有几何失真的虚拟视点图像及其图像块对应的显著度图

　　注意：图 3-16 中最显著的区域并不与包含几何失真的区域一致。例如，有重影的红色书本是最显著的区域［见图 3-16（a）中的 5 号图像块］，但是，观察者并不会认为红色书本所在区域有明显的几何失真。仍然使用显著度加权将会过高地估计这一区域的失真对整张图像质量评分的影响，进而间接削弱了其他图像块中的失真对整张图像质量评分的贡献。

　　为更加合理地描述虚拟视点图像裁剪成图像块后，图像块中的几何失真对图像整体质量的贡献，我们观察了 IRCCyN/IVC 虚拟视点图像数据集中的虚拟视点图像，分别计算虚拟视点图像整体的显著度图，以及裁剪得到的图像块的局部显著度图（把图像块本身看作一整张图像计算显著度图），部分结果如图 3-16（b）、（c）所示。通过观察，得到如下结论。

　　（1）观察者容易察觉的几何失真区域，在图像块的局部显著度图中的表现与其在虚拟视点图像整体的显著度图中的表现相差明显。例如，图 3-16 所示墙壁的裂缝（2 号图像块）在整张图像的显著度图中较暗，表明其并不属于显著区域；但在仅包含裂缝的图像块的局部显著度图中变得明亮起来，表明其属于显著区域。通过主观实验，询问 15 名主观受试者对这条裂缝的视觉感知，其中 13 人认为这条裂缝是易察觉到的失真。对这种类型的图像块，在预测图像整体质量评分时要赋予更高的权重。

　　（2）观察者不易察觉的几何失真区域，其在图像块的局部显著度图中的表现与其在虚拟视点图像整体的显著度图中的表现差异不明显。例如，图 3-16 所示狮子雕像（1 号图像块）右侧的空洞，无论是在虚拟视点图像整体的显著度图中，还是图像块的局部显著度图中均不显著。通过主观实验，询问 15 名主观受试者对这个空洞的视觉感知，发现这一失真区域并不易被观察者察觉。对于包含这种失真的图像块，需要抑制其对整体图像质量评分的贡献。

　　为说明上述结论的合理性，我们从人类视觉系统的角度加以解释。首先，几何失真的局部位置影响着观察者的可察觉程度，这可由恰可识别失真（just noticeable distortion，JND）理论佐证。根据 JND 理论，图像中每个像素均有一个 JND 水平，低于 JND 水平的像素误差并不会被观察者察觉。Yang 等[19]通过主观实验发现，影响一个像素 JND 水平的主要因素包括该像素邻域的亮度对比度与纹理对比度。因此，同样的几何失真，若其所处位置不同，邻域也不同，对应的 JND 水平自然不同。其次，几何失真在不同空间尺度上的显著度差异可由视觉关注（visual attention）来解释[20]。根据视觉关注原理，人眼首先观察到的是图像的整体结构信息，然后根据感兴趣区域扩散到局部结构。在视觉注视点移动过程中，人眼往往在局部特征变化较大的区域停留较长时间，这恰好与不同空间尺度下的显著度的变化一致。

上述结论同样适用于不包含几何失真的区域。例如，图 3-16 所示的红色书本（见 5 号图像块）的图像显著度图和图像块的显著度图中都很显著，但是差异较小。事实上，尽管红色书本区域容易被观察者注意，但是并不包含几何失真，因此包含该区域的图像块的质量评分对虚拟视点图像的整体质量贡献不应被高估。另一个类似的例子是图 3-16 所示的地板（见 6 号图像块），其在图像显著度图和图像块的显著度图中都不显著，而且差异也不大。这一类区域也不包含几何失真，而且不易被观察者注意。因此，包含该区域的图像块的质量评分对整体图像质量的贡献也不应被高估。

综合上述，虚拟图像整体显著度与图像块局部显著度不同组合下的几何失真情况如表 3-8 所示。

表 3-8　虚拟图像整体显著度与图像块局部显著度不同组合下的几何失真情况

	虚拟图像整体显著度高	虚拟图像整体显著度低
图像块局部显著度高	几何失真程度低	几何失真程度高
图像块局部显著度低	几何失真程度低	几何失真程度低

通过上述分析，本节设计了一种新的能够恰当反映虚拟视点图像块中几何失真对图像整体质量评分贡献的权重，即图像块局部显著度图与图像整体显著度图中对应区域的所有像素的显著度和的比值。本节将这一比值称为基于图像局部显著度的加权，以便与 Bosse 等[18]的基于图像显著度的加权，以及 3.1 节中基于视觉权重图的加权区分开来。图像局部显著度的加权的计算方法如下：

$$c_x = \frac{\sum\limits_{p \in \Omega_x} s'(p)}{\sum\limits_{p \in \Omega_x} s(p)} \tag{3-26}$$

式中，Ω_x 表示图像块；$s'(p)$ 与 $s(p)$ 分别表示图像块中像素的显著度与其在整张图像中对应位置处像素的显著度；p 表示 Ω_x 中的像素；$c_x \in (0, +\infty)$ 即求得的加权，c_x 值越大，说明图像块中的几何失真对观察者的影响越明显，对图像质量评分的影响越大；反之亦然。在具体实施时，为确保对比结果的一致性与公平性，我们同样使用了 Bosse 等[18]所提方法中选用的显著度计算模型。

下面将利用局部显著度对 CNN 预测得到的图像块质量评分进行加权。

3.2.3　基于 CNN 的无参考虚拟视点图像质量度量

本节将 CNN 引入虚拟视点图像质量度量。与现有的依赖手工设计特征的虚拟视点图像质量度量方法相比，该方法有下面 3 点不同。

（1）将 CNN 引入虚拟视点图像质量度量，并利用 CNN 的局部特征提取能力提取虚拟视点图像块的特征，避免了手工设计特征。

（2）利用设计的图像局部显著度的加权方式对虚拟视点图像块的预测结果加权，使预测结果更加合理地反映几何失真对图像整体质量的贡献。

（3）为了避免训练误差，本节构建了一个新的虚拟视点图像主观数据集，以支持更加复杂的深度网络。与公开数据集相比，构建的数据集的样本容量和多样性均得到显著提升。

基于 CNN 的无参考虚拟视点图像质量度量方法的主要算法流程可分为图像预处理、图像块特征提取，以及基于图像局部显著度的聚合 3 部分，下面分别进行介绍。

1. 图像预处理

与图像分类、识别等任务所依赖的数据集（例如 ImageNet）动辄上千万张的样本图像相比，图像主观数据集样本数本身过少，主要原因是主观实验的组织与实施代价太过高昂。近年来，有学者提出使用众包的方式采集大规模的主观图像评分[20]，然而该方法的合理性存疑。

目前，基于深度学习的图像质量度量方法仍采用将图像分块的方式来训练预测模型。例如，Kang 等[6]将训练图像分为不重叠的图像块，然后为每个图像块赋予整张图像的主观评分作为标签（label）。受图像分类、识别等任务的启发，Kang 等[6]在图像块送入 CNN 之前，将其从 RGB 色彩空间转换到灰度空间，并分别对每张图像块做对比度归一化。这样做的好处是减少了输入数据的通道数，且图像像素值被归一化到[−1,1]，有利于网络收敛。

通过实验发现，上述图像预处理方法不适用于虚拟视点图像质量度量。如图 3-17 所示，对虚拟视点图像（尤其是其中的几何失真区域）进行灰度化，以及对比度归一化处理后，其视觉效果会发生比较明显的改变。因此，可以推断现有图像块预处理方法在将图像块送入网络之前，丢弃了一些对虚拟视点图像质量度量有用的信息。为此，本节提出新的预处理策略：首先，将训练图像分为重叠的 224×224 的小块，在不经过灰度化与对比度归一化的情况下，直接将原始图像块送入 CNN。自对比实验将验证本节使用的预处理方法对虚拟视点图像质量度量性能的提升。

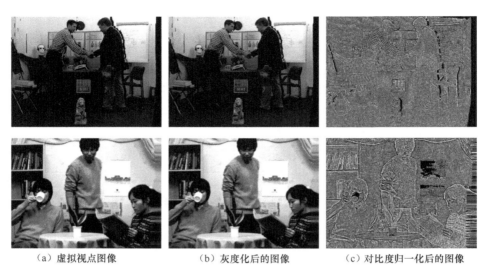

（a）虚拟视点图像　　　　　（b）灰度化后的图像　　　　　（c）对比度归一化后的图像

图 3-17　虚拟视点图像不同的预处理方式的视觉质量

2. 图像块特征提取

与 3.1 节方法类似，我们设计了一个 CNN 来提取图像块特征，如图 3-18 所示。网络包含了 9 个卷积层（从 Conv1 到 Conv9），两个最大池化层（Max-pool1，Max-pool2），以及两个全连接层（FC1，FC2）。

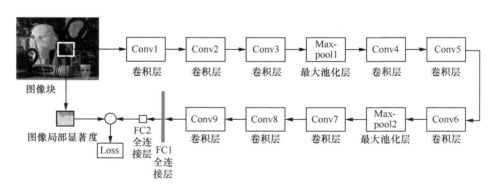

图 3-18　基于图像局部显著度的无参考虚拟视点图像质量度量网络

当给定预处理的图像块作为网络输入时，选用卷积神经网络提取图像块的特征，然后将提取到的特征与质量度量回归网络联合，训练一个到图像主观评分的回归模型。特征提取部分由 9 个卷积层组成，每 3 个卷积层作为一组，之后使用一个最大池化层对特征图进行下采样。这样做一方面是扩大卷积层的局部感受野，以感知图像在更大尺度下的特征；另一方面则是减少可训练的参数，加速网络收敛。每个卷积层后使用 ReLU 作为激活函数。ReLU 的作用是实现特征的非线性组合。卷积层因此可被形式化为

$$C_j = f\left(W_j^T C_{j-1} + B_j\right)$$（3-27）

式中，C_j 是第 j 层的特征图；f 表示该卷积层；W_j 和 B_j 分别表示第 j 层的权值和偏差，属于可训练的参数。对每个卷积层使用零填充策略，即对图像边缘依照卷积核大小补零，以尽可能地利用图像边缘的信息。对虚拟视点图像来说，零填充尤为重要，因几何失真有很大一部分位于图像的边界，若使用有效填充策略的话，很有可能在较深的卷积层中丢失上述信息，从而影响图像质量度量结果。自对比实验部分将验证上述两种策略对虚拟视点图像质量度量性能的影响。

在经过 3 组卷积层后，就能提取到虚拟视点图像块的局部特征，如图 3-19 所示。该图是利用训练后的质量度量模型，对一张虚拟视点图像块提取到的特征图。可以看到，最后一层卷积层输出的特征图在一定程度上反映出了虚拟视点图像中的几何失真，以及它的邻域关系。

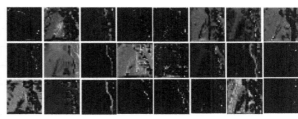

（a）虚拟视点图像块　　　　　　　（b）最后一层卷积层输出的特征图（部分结果）

图 3-19　虚拟视点图像块与网络提取到的特征图

3. 基于图像局部显著度的聚合

最后，使用两个级联的全连接层对虚拟视点图像块特征进行汇聚，并使用提出的图像局部显著度对汇聚后的虚拟视点图像块质量评分加权，然后将结果与整张图像的主观评分进行回归。这里使用下面的平均绝对误差（mean absolute error，MAE）作为目标函数。

$$L_{\text{MAE}} = \left| \sum_{n=1}^{m} c_x^n F(\Omega_x; \boldsymbol{W}, \boldsymbol{B}) - Q_{\text{subjective}} \right| \tag{3-28}$$

式中，$c_x^n (x \in \Omega_x)$ 是第 n 个虚拟视点图像块 Ω_x 的图像局部显著度的加权，x 表示虚拟视点图像裁剪得到的图像块；m 表示整张图像裁剪后的图像块数量；F 表示整个图像质量度量网络；$\boldsymbol{W}$，$\boldsymbol{B}$ 表示网络中可学习的权重与偏置；$Q_{\text{subjective}}$ 表示整张图像的质量主观评分，根据不同的数据集，选用平均意见得分或平均意见得分差值，并将其归一化到[0,1]的区间，以加速收敛。$F(\cdot)$ 表示虚拟视点图像块的特征提取网络。实际训练时使用了 ADAM 优化算法。

本节方法 CNN 结构的参数设置如表 3-9 所示。

表 3-9　本节方法 CNN 结构的参数设置

层名	补零策略	卷积核大小	步长	输出特征图大小
输入图像	0	—	—	$224 \times 224 \times 3$
Conv1/ReLU1	1	5×5	1	$224 \times 224 \times 32$
Conv2/ReLU2	1	5×5	1	$224 \times 224 \times 32$
Conv3/ReLU3	1	5×5	1	$224 \times 224 \times 32$
Max-pool1	—	2×2	2	$112 \times 112 \times 32$
Conv4/ReLU1	1	5×5	1	$112 \times 112 \times 64$
Conv5/ReLU2	1	5×5	1	$112 \times 112 \times 64$
Conv6/ReLU3	1	5×5	1	$112 \times 112 \times 64$
Max-pool2	—	2×2	2	$56 \times 56 \times 64$
Conv7/ReLU1	1	3×3	1	$56 \times 56 \times 128$
Conv8/ReLU2	1	3×3	1	$56 \times 56 \times 128$
Conv9/ReLU3	1	3×3	1	$56 \times 56 \times 128$
FC1	—	—	—	1024
FC2	—	—	—	1

3.2.4　虚拟视点图像主观数据集的构建

目前可用的虚拟视点图像主观数据集包括法国南特大学的 IRCCyN/IVC 虚拟视点图像数据集[21]以及法国雷恩大学国家应用科学研究院 2019 年新发布的 INSA Rennes 虚拟视点图像数据集[22]。然而，上述数据集依然存在下面两点不足。

（1）选用的场景多样性不够。其中，IRCCyN/IVC 虚拟视点图像数据集只包含了 3 个场景，且均为室内+人物的组合；INSA Rennes 虚拟视点图像数据集稍好一些，也只选用了 10 个场景。

（2）样本容量不足。IRCCyN/IVC 虚拟视点图像数据集仅包含 84 张失真图像，INSA Rennes 虚拟视点图像数据集也只包含了 140 张失真图像。

场景多样性不够以及样本容量不足会导致在训练深度网络时出现训练偏差。为此，本节构建了一个新的虚拟视点图像主观数据集，以虚拟现实技术与系统国家重点实验室将其命名为 VRTS 虚拟视点图像数据集。我们从 HHI 的 3D-HEVC 视频测试序列、美国明德学院的立体图像数据集 MiddleBury Stereo dataset[23]中选取了 18 个场景，场景内容如图 3-20 所示。

图 3-20　VRTS 虚拟视点图像数据集选用的场景

为说明构建的主观数据集的场景多样性，本节选用色度信息（colorfulness information，CI）与空间信息（spatial information，SI）[24]分别计算 IRCCyN/IVC 虚拟视点图像数据集、INSA Rennes 虚拟视点图像数据集，以及 VRTS 虚拟视点图像数据集，计算结果如图 3-21 所示。

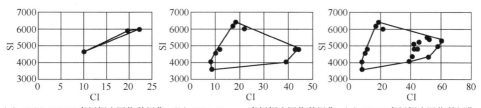

（a）IRCCyN/IVC虚拟视点图像数据集　（b）INSA Rennes 虚拟视点图像数据集　（c）VRTS虚拟视点图像数据集

图 3-21　虚拟视点图像主观数据集场景内容多样性分析

色度信息用于分析图像中亮度的变换程度。对选用场景的 RGB 图像，使用 $rg = R - G$ 与 $yb = 0.5(R + G) - B$（R、G、B 分别表示图像红色、绿色、蓝色的亮度值）来表示颜色空间的两个极端，色度信息 CI 的计算式为

$$\mathrm{CI} = \sqrt{\sigma_{\mathrm{rg}}^2 + \sigma_{\mathrm{yb}}^2} + 0.3\sqrt{\mu_{\mathrm{rg}}^2 + \mu_{\mathrm{yb}}^2} \qquad (3\text{-}29)$$

式中，σ 与 μ 分别表示颜色值的方差与均值。

空间信息用于表示所选场景中边缘能量的多少，近似于图像的高频成分。对所选图像，使用 Sobel 算子提取水平方向和垂直方向的梯度 s_{h} 与 s_{v}，然后使用 $s_{\mathrm{r}} = \sqrt{s_{\mathrm{v}} + s_{\mathrm{h}}}$ 表示每个像素的梯度幅值。空间信息 SI 的计算式为

$$\mathrm{SI} = \sqrt{\frac{L}{1080}}\sqrt{\sum \frac{s_{\mathrm{r}}^2}{P}} \qquad (3\text{-}30)$$

式中，P 是图像的总像素数；$\sqrt{L/1080}$ 是正则化因子，用来减少尺度/分辨率对 SI 的影响。SI 只在亮度通道计算，亮度值 Y 的计算式为

$$Y = 0.299R + 0.587G + 0.114B \qquad (3\text{-}31)$$

在图 3-21 中，实线是覆盖所有场景色度信息与空间信息的包络线，横轴表示色度信息，纵轴表示空间信息。由图 3-21 所示可知，VRTS 虚拟视点图像数据集选用场景的多样性好于 IRCCyN/IVC 虚拟视点图像数据集与 INSA Rennes 虚拟视点图像数据集。

VRTS 虚拟视点图像数据集与其他两种数据集的参数如表 3-10 所示。

表 3-10　VRTS 虚拟视点图像数据集与其他两种数据集的参数

参数	IRCCyN/IVC 虚拟视点图像数据集	INSA Rennes 虚拟视点图像数据集	VRTS 虚拟视点图像数据集
场景数	3	10	18
参考视点数	12	10	18
虚拟视点数	12	20	72
虚拟视点合成方法数	7	7	7
虚拟视点图像数	84	140	504
主观测试人数	43	42	15

对每一个场景，沿着图像的水平方向随机选取 4 个不同的虚拟视点 v_{ref}^i （$i = 1, 2, 3, 4$）。将参考视点图像分别使用 7 种不同的虚拟视点合成方法变换到这 4 个虚拟视点下，能得到 28 张不同的虚拟视点图像。对所有 18 个场景，一共可得到 504 张虚拟视点图像（不含参考视点图像）。

VRTS 虚拟视点图像数据集选用的虚拟视点合成方法如表 3-11 所示。

表 3-11　VRTS 虚拟视点图像数据集选用的虚拟视点合成方法

方法序号	方法概述	虚拟视点图像效果
A1	首先对参考视点重建的深度图像做中值滤波，过滤掉明显的深度不连续边，然后裁剪掉三维图像变换后的虚拟视点图像的边界，最后使用插值的方法得到与原始图像分辨率大小相同的新的虚拟视点图像	可以有效减少图像边界的空洞，深度不连续边的平滑可以减少裂缝，但是整张图像的内容发生了改变
A2	对重建的参考视点深度图像做平滑滤波，然后使用 Telea 快速行进法填补图像边界的空洞	虚拟视点图像对应深度不连续边的区域会变得模糊
A3	使用中值滤波处理虚拟视点图像中的小面积空洞	有效减少了裂缝，但是对面积较大的空洞区域，容易产生拉伸效应
A4	根据深度区分场景中的前景与背景，对空洞区域，使用相邻的背景区域填补	对面积较小的空洞填补效果较好，但是填补后的物体边缘往往会出现明显的鬼影
A5	使用基于样本块匹配的方法填补空洞	对面积较小的空洞填补效果较好，但是对面积较大的空洞的填补效果较差
A6	使用深度时域信息来改进样本块匹配	对面积较大的空洞填补效果较好，但是依赖前后帧信息，不适用于单张虚拟视点图像
A7	原始的三维图像变换方法	有明显的空洞与裂缝

由前面可知，VRTS 虚拟视点图像数据集生成了 504 张虚拟视点图像，样本容量远超过其余两种数据集。下面的交叉验证实验将进一步说明构建的数据集对训练偏差的抑制能力。

实验依照 ITU-T P.910 建议书，使用隐藏参考图像的绝对分类评分法（ACR-HRR）来采集虚拟视点图像的主观评分。ACR-HRR 与其他主观评分方法相比，测试过程较短，适用于大规模图像主观数据集的构建。2018 年 7 月，我们组织了 15 名观察者对 504 张虚拟视点图像进行评分。所招募的观察者均来自北京地区的高校，包括本科生、硕士研究生与博士研究生。按照 ITU-T P.910 建议书要求，观察者中有两名具有一定数字图像处理相关专业知识的人员，其余 13 名无相关领域知识背景。其中，6 名女性，9 名男性，年龄最大者 30 岁，年龄最小者 20 岁，平均年龄 23.9 岁，方差 5.9822。

实验按照 ITU-T P.910 建议书的要求搭建了一个暗室，只有少量的环境光。每名观察者配备一台 LG X23 显示器，大小为 24 inch（1 inch≈2.54 cm），高 0.3 m，最大支持像素分辨率为 1920 像素×1080 像素，最大背景亮度为 200 cd/m²，与观察者的距离为 2.1 m。

实验共分 3 个阶段，每个阶段时长 25 min，间隔有 5 min 的休息时间，以减少长时间观察图像给观察者带来的视觉疲劳。每张测试图像在显示器屏幕上播放15 s，然后穿插播放 5 s 的灰度场。为确保主观评分的有效性，我们从所有测试图像中随机重复了 12 张图像，在后续数据处理中考察每名观察者对这 12 张图像的评分是否一致。对每一张测试图像，观察者需要给出 1～5 的评分，分数越高，表示图像质量越好，其中 1 表示有严重的失真，5 表示没有失真，以此类推。

在获取了所有观察者的评分后，首先计算出每张测试图像的平均意见得分值。然后，使用 Kurtosis 矩（即 ITU-R BT.500-13 建议书的 β_2 测试，通过计算函数的峰态系数，即四阶动差与二阶动差平方的比值）筛选掉观察者中评分总体分布异常的人员。经过测试，15 名观察者均通过了 Kurtosis 矩筛选。

最后，进一步计算上述实验中重复的 12 张图像对应的两个平均意见得分值的平均值与方差，并计算其 95% 置信区间，发现所有观察者对上述重复图像的两次评分均落在 95% 置信区间之内，符合实验评分分布，从而验证了主观评分的可靠性。

3.2.5 实验结果与分析

本节首先介绍实验设置，以及所选用的对比方法；然后展示了本节方法在不同的虚拟视点图像主观数据集上的质量度量性能；最后，详细讨论了不同的设计策略对虚拟视点图像质量度量性能的影响。

1. 实验设置

首先，我们在 VRTS 虚拟视点图像数据集上训练图像质量度量模型。VRTS虚拟视点图像数据集包含 18 个场景，我们将其按照 60%、20%、20% 的比例划分为训练集、验证集与测试集。同一场景的不同虚拟视点图像只存在于同一类子集中，避免训练过程中出现数据污染。为进一步避免训练模型的过拟合，我们接着使用十折交叉验证，重复 10 次训练过程，在每一次训练开始前，随机重新划分训练集与验证集。最后，我们选用上述 10 次训练结果中最好的 5 次，取其预测的图像质量评分的平均值，作为最终的图像质量度量结果。

在单次训练过程中，选用 ADAM 优化器，设置初始学习率 $\lambda=0.0001$，使用随机梯度下降最小化目标函数，共训练 10 轮。在每个训练结束时，统计验证集上的均方根误差（root mean square error，RMSE），并保存对应的模型。

在测试过程中，每张图像被裁剪为 224×224 大小的图像块，然后送进网络。由于整个网络是全卷积的，对测试图像的分辨率并没有要求（能够提供指定数量的图像块即可，这可以通过更改裁剪方式来调节）；同时，计算图像以及图像块的显著度图并计算图像局部显著度。最后，属于同一张图像的图像块的网络输出可通过图像局部显著度加权得到最终的质量度量结果。

2. 主客观一致性表现

图像质量度量是一个回归问题，为了评估所提出的虚拟视点图像质量度量指标的性能，我们选取 3 个经典的统计学指标，包括 PLCC、SROCC 与 RMSE。PLCC 与 SROCC 的计算方式参见 3.1.4 节。RMSE 的计算式为

$$\text{RMSE} = \sqrt{\sum_{i=1}^{n} (x_i - y_i)^2} \tag{3-32}$$

式中，x_i、y_i 分别表示预测的图像 $i(i = 1, 2, \cdots, n)$ 的质量评分与主观评分；n 表示测试图像数。

RMSE 反映了预测结果与主观评分的差异程度，RMSE 的值越接近 0，预测结果与主观评分的平均差异越低；反之，RMSE 的值趋于正无穷。

为充分说明本节方法的有效性，我们选用了 15 种具有代表性的图像质量度量指标及虚拟视点图像质量度量指标作为对比。对图像质量度量指标，我们选用 4 种 FRIQA 方法（包括 PSNR、SSIM、VSNR 以及 FSIM）以及 5 种 NRIQA 方法（包括 BRISQUE、NIQE、SSEQ、Kang 等[6]以及 Bosse 等[18]所提方法）。对虚拟视点图像质量度量指标，我们选用 4 种 FRIQA 方法（包括 3DswIM、MW-PNSR、MP-PNSR 以及 SDRD[14]）以及最近提出的 2 种 NRIQA 方法（包括 NIQSV+[15]与 APT[16]）。

对传统的图像质量度量方法，各自预测评分的取值范围差异较大。例如，PSNR 的取值范围是$(0, +\infty)$，而 SSIM 的取值范围是$[0,1]$。因此，需要将上述方法的预测得分变换到同一评分范围。具体来说，我们使用三次多项式拟合法，对所有测试图像的预测评分，按下式求得最小二乘解：

$$Q'_{\text{objective}} = aQ_{\text{objective}}^3 + bQ_{\text{objective}}^2 + cQ_{\text{objective}} + d \tag{3-33}$$

式中，a，b，c，d 为多项式拟合系数；$Q_{\text{objective}}$ 是上述方法的预测得分；$Q'_{\text{objective}}$ 是变换后的预测得分。基于深度学习的方法可直接将预测得分与主观评分回归，因此不需要上述变换。对于 Kang 等[6]与 Bosse 等[18]所提方法，我们使用同样的初始学习率与优化策略，在 VRTS 虚拟视点图像数据集上进行训练。

我们首先在 VRTS 虚拟视点图像数据集上对比了本节方法与其他方法。实验结果如表 3-12 所示。

表 3-12　本节方法与其他对比方法在 **VRTS** 虚拟视点图像数据集上的性能

方法		类型	RMSE	PLCC	SROCC
FRIQA	PSNR	二维图像	0.6238	0.4131	0.4320
	SSIM	二维图像	0.6415	0.3520	0.3012
	VSNR	二维图像	0.6724	0.3960	0.4012
	FSIM	二维图像	0.5887	0.4671	0.3286
	3DswIM	虚拟视点图像	0.5012	0.6320	0.6117
	MW-PNSR	虚拟视点图像	0.5781	0.5662	0.6028
	MP-PNSR	虚拟视点图像	0.5320	0.6022	0.6113
	SDRD	虚拟视点图像	0.4071	0.7882	0.7420
NRIQA	BRISQUE	二维图像	0.4924	0.3071	0.3201
	NIQE	二维图像	0.4111	0.1152	0.1181
	SSEQ	二维图像	0.5286	0.2964	0.2890
	Kang 等[6]所提方法	虚拟视点图像	0.4233	0.6910	0.6858
	Bosse 等[18]所提方法	虚拟视点图像	0.4020	0.7122	0.7070
	NIQSV+	虚拟视点图像	0.4720	0.7106	0.6623
	APT	虚拟视点图像	0.4651	0.7250	0.7081
	本节方法	虚拟视点图像	0.3940	0.7960	0.7461

如表 3-12 所示，我们可以得到下面 3 个结论。

（1）为传统图像设计的图像质量度量方法，无论是全参考图像质量度量方法还是无参考图像质量度量方法，在 VRTS 虚拟视点图像数据集上的表现均不是很好。相较而言，全参考图像质量度量的指标总体表现略好于无参考图像质量度量的指标。传统图像的无参考图像质量度量方法在 VRTS 虚拟视点图像数据集上的表现低于预期。其中，NIQE 方法的 PLCC 与 SROCC 仅为 0.1152 和 0.1181。这主要是因为现有的无参考图像质量度量方法大多依赖自然场景统计特征，而虚拟视点图像中的几何失真很难使用自然场景统计先验区分开来。图 3-22 所示为自然场景统计特征先验在虚拟视点图像上的表现。其中，图 3-22（a）~（d）是不同虚拟视点合成方法得到的虚拟视点图像（Image 1 ~ Image 4），图 3-22（e）所示为参考图像（Image 5）。图 3-22（f）、（g）所示分别为上述 5 张图像的去均值对比度归一化系数以及自由能量熵的统计分布。可以看到，不同失真的虚拟视点图像，其自然场景统计特征很难与参考图像互相区分开来。

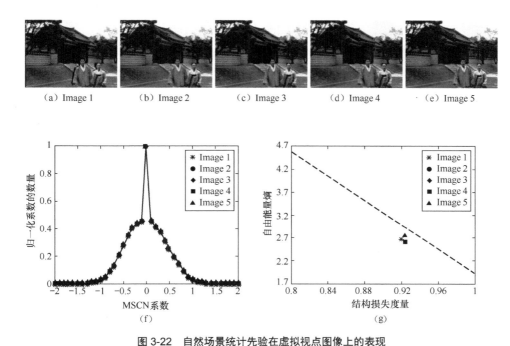

（a）Image 1　　（b）Image 2　　（c）Image 3　　（d）Image 4　　（e）Image 5

图 3-22　自然场景统计先验在虚拟视点图像上的表现

（2）为虚拟视点图像设计的图像质量度量方法在 VRTS 虚拟视点图像数据集上的总体表现超过了传统图像质量度量方法。目前最好的虚拟视点图像质量度量方法是 SDRD，在 VRTS 虚拟视点图像数据集上的 RMSE、PLCC 与 SROCC 分别为 0.4071、0.7882 和 0.7420。SDRD 是一种全参考图像质量度量方法，需要利用参考图像提取虚拟视点图像中的几何失真区域。在无参考虚拟视点图像质量度量指标中，APT 的表现略好于 NIQSV+，在 VRTS 虚拟视点图像数集上的 RMSE、PLCC 与 SROCC 分别为 0.4651、0.7250 和 0.7081。相比上述虚拟视点图像质量度量方法，本节方法在 VRTS 虚拟视点图像数据集上表现不但优于已有无参考虚拟视点图像质量度量方法，同时略好于全参考虚拟视点图像质量度量方法 SDRD。该方法优于现有虚拟视点图像质量度量方法的原因有两方面：一方面在于使用 CNN 提取虚拟视点图像的特征优于手工设计的特征；另一方面在于引入了基于局部显著度的权重来表示局部、非一致的几何失真。

（3）本节方法与另两种基于深度学习的方法的主要区别是对图像块评分的聚合方式不同。Kang 等[6]直接将图像块的评分作为整张图像的预测评分，类似于平均聚合（average pooling），使用的目标函数为

$$L_{\text{Kang}} = \left| \frac{1}{n} \sum_{x}^{n} \left(F\left(\Omega_x; \boldsymbol{W}, \boldsymbol{B}\right) \right) - Q_{\text{subjective}} \right| \qquad (3\text{-}34)$$

Bosse 等[18]使用图像显著度 $S_x\left(x \in \Omega_x\right)$ 对图像块评分加权,但仍然是将图像块的评分作为整张图像的预测评分。

本节方法则是将图像块评分按照图像局部显著度加权后,聚合成一个标量,作为整张图像的质量预测评分。如表 3-13 所示,本节方法的各项指标均优于 Kang 等[6]与 Bosse 等[18]所提方法。

为验证本节方法的泛化能力,我们在 IRCCyN/IVC 虚拟视点图像数据集上做了交叉数据集测试,即使用在 VRTS 虚拟视点图像数据集训练的模型,测试 IRCCyN/IVC 虚拟视点图像数据集中的虚拟视点图像。为简便起见,我们只比较了为虚拟视点图像设计的方法,对比结果如表 3-13 所示。

表 3-13　本节方法与其他对比方法在 IRCCyN/IVC 虚拟视点图像数据集上的表现

方法		RMSE	PLCC	SROCC
FRIQA	3DswIM	0.4988	0.6623	0.6158
	MW-PNSR	0.5351	0.5951	0.6246
	MP-PNSR	0.5251	0.6148	0.6274
	SDRD	0.3901	0.8104	0.7610
NRIQA	Kang 等[6]所提方法	0.4010	0.7322	0.7430
	Bosse 等[18]所提方法	0.3870	0.7570	0.7710
	NIQSV+	0.4679	0.7114	0.6668
	APT	0.4546	0.7307	0.7157
	本节方法	0.3820	0.8112	0.7520

如表 3-13 所示,本节方法在 IRCCyN/IVC 虚拟视点图像数据集上的各项指标表现均优于现有方法,RMSE、PLCC 与 SROCC 分别为 0.3820、0.8112 和 0.7520。此外,本节方法以及其他指标在 IRCCyN/IVC 虚拟视点图像数据集上的表现均有明显提升。这从侧面说明了 VRTS 虚拟视点图像数据集相较 IRCCyN/IVC 虚拟视点图像数据集,场景更加多样化,质量度量难度更具挑战性和代表性。

下面进一步分析不同的虚拟视点图像质量度量方法在两个数据集上的表现,RMSE 指标的变化情况如表 3-14 所示。

表 3-14　本节方法与现有虚拟视点图像质量度量方法在两个数据集上的
RMSE 指标的变化情况

方法		VRTS 虚拟视点图像数据集	IRCCyN/IVC 虚拟视点图像数据集	RMSE 性能大约提升
FRIQA	3DswIM	0.5012	0.4988	0.48%
	MW-PNSR	0.5781	0.5351	7.44%
	MP-PNSR	0.5320	0.5251	1.30%
	SDRD	0.4071	0.3901	4.18%
NRIQA	Kang 等[6]所提方法	0.4233	0.4010	5.27%
	Bosse 等[18]所提方法	0.4020	0.3870	3.73%
	NIQSV+	0.4720	0.4679	0.87%
	APT	0.4651	0.4546	2.26%
	本节方法	0.3940	0.3820	3.04%

如表 3-14 所示，MW-PNSR、SDRD 等全参考图像质量度量方法在两个数据集上的 RMSE 指标变化幅度较大。主要原因是全参考图像质量度量方法强烈依赖参考图像的特征，而 IRCCyN/IVC 虚拟视点图像数据集包含的场景过于同质化，导致质量度量模型具有较高的系统偏差，因而在两个数据集上的表现差别较明显。无参考图像质量度量方法，如 NIQSV+、APT 的 RMSE 指标变化略小，因为它们使用的空洞对形态学敏感的假设，或几何失真具有局部自相关性的假设在不同的虚拟视点图像上有一定的通用性。基于深度学习的方法，以及本节方法的 RMSE 指标在 IRCCyN/IVC 虚拟视点图像数据集上均有明显提升，主要原因是使用 VRTS 虚拟视点图像数据集训练得到的模型具有较强的泛化能力，在 IRCCyN/IVC 虚拟视点图像数据集上有可能出现了过拟合。这也进一步说明，若只使用 IRCCyN/IVC 虚拟视点图像数据集训练深度网络，很容易产生训练偏差。

3. 排序表现

为进一步比较本节提出的无参考虚拟视点图像质量度量方法与其他指标的性能，我们进一步对比了各类虚拟视点图像质量度量方法对于不同的虚拟视点合成方法的排序表现。具体来说，对每一类虚拟视点合成方法（A1 到 A7，具体细节参见表 3-11），我们在 IRCCyN/IVC 虚拟视点图像数据集上计算出主观评分（这里选用差分平均意见得分值）的平均值，依次对 7 种不同的虚拟视点合成方法进行排序，作为主观参照。同样地，对每一种图像质量度量指标，我们计算其预测得分在不同虚拟视点合成方法上的均值并进行排序。实验结果如表 3-15 所示。

表 3-15　不同虚拟视点图像质量度量方法对虚拟视点合成方法的排序

方法		A1	A5	A4	A6	A2	A3	A7
方法		虚拟视点合成方法排序						
主观评分		3.57	3.49	3.4	3.32	3.31	3.15	2.28
FRIQA	3DswIM	A1	A4	A5	A6	A3	A2	A7
FRIQA	MW-PNSR	A4	A5	A6	A3	A2	A1	A7
FRIQA	MP-PNSR	A4	A5	A6	A3	A2	A1	A7
FRIQA	SDRD	A4	A5	A6	A3	A2	A1	A7
NRIQA	Bosse 等[18]所提方法	A1	A2	A5	A4	A6	A3	A7
NRIQA	NIQSV+	A1	A6	A5	A4	A2	A3	A7
NRIQA	APT	A1	A2	A4	A6	A5	A3	A7
NRIQA	本节方法	A1	A6	A4	A5	A2	A3	A7

如表 3-15 所示，本节提出的无参考虚拟视点图像质量度量方法与 NIQSV+方法同主观评分排序结果最为接近。不同之处在于，本节方法与 NIQSV+在对 A4、A5 和 A6 这 3 种虚拟视点合成方法的排序上与主观评分排序结果不一致。注意到本节方法与 NIQSV+均将 A6 排在这 3 种算法的第一位，这一定程度上与虚拟视点图像的场景有关。

4. 统计显著性测试

为了说明本节方法预测的虚拟视点图像评分统计分布的合理性，我们使用 F 检验来检查不同虚拟视点图像质量度量方法的统计显著性。对每一类虚拟视点图像质量度量指标，我们依然选用 IRCCyN/IVC 虚拟视点图像数据集，首先计算预测得分与主观评分的残差：

$$\text{Res} = Q'_{\text{objective}} - Q_{\text{subjective}} \qquad (3-35)$$

式中，$Q_{\text{subjective}}$ 表示主观评分，这里是差分平均意见得分值；$Q'_{\text{objective}}$ 则是使用不同的虚拟视点图像质量度量方法预测的分数。在计算残差之前，我们先将图像预测得分按照多项式拟合归一化到差分平均意见得分的范围[0,5]。表 3-16 所示为不同方法的虚拟视点图像预测评分与主观评分残差的方差结果。

表 3-16　不同方法的虚拟视点图像预测评分与主观评分残差的方差结果

方法	3DswIM	MW-PNSR	MP-PNSR	SDRD	Bosse 等[18]所提方法	NIQSV+	APT	本节方法
方差	0.237	0.276	0.246	0.281	0.324	0.222	0.212	0.226

不同图像质量度量方法残差的统计显著性检验结果如表 3-17 所示。其中，1 表示对应行的图像质量度量方法比对应列的方法更显著，−1 则相反。0 表示这两种方法在统计上没有明显差异。

表 3-17　不同图像质量度量方法残差的统计显著性检验结果

	PSNR	SSIM	FSIM	NIQE	SSEQ	3DswIM	MW-PNSR	MP-PNSR	NIQSV+	APT	本节方法
PSNR	0	0	0	0	0	−1	0	0	−1	−1	−1
SSIM	0	0	0	0	0	−1	0	0	−1	−1	−1
FSIM	0	0	0	0	0	−1	0	−1	−1	−1	−1
NIQE	0	0	0	0	0	−1	−1	−1	−1	−1	−1
SSEQ	0	0	0	0	0	−1	−1	−1	−1	−1	−1
3DswIM	1	1	1	1	1	0	0	0	0	0	0
MW-PNSR	0	0	0	1	1	0	0	0	0	0	0
MP-PNSR	0	0	1	1	1	0	0	0	0	0	0
NIQSV+	1	1	1	1	1	0	0	0	0	0	0
APT	1	1	1	1	1	0	0	0	0	0	0
本节方法	1	1	1	1	1	0	0	0	0	0	0

如表 3-17 所示，本节方法的统计显著性优于传统图像质量度量指标，而与相关的虚拟视点图像质量度量指标差异不大。

5. 自对比实验

为进一步分析本节方法在虚拟视点图像数据集上预测性能提升的原因，我们设计了 4 组自对比实验，包括：不同的图像预处理策略；不同的填充策略；不同的网络深度；不同的图像块评分聚合方式。

（1）不同的图像预处理策略

首先验证选用的图像预处理策略对虚拟视点图像度量性能的影响。为了保证实验结果的可比较性，实验保持网络结构不变，分别测试使用灰度化、局部对比度归一化、灰度化+局部对比度归一化以及直接使用原始图像块（本节方法）在 VRTS 虚拟视点图像数据集上的表现。实验结果如表 3-18 所示。

表 3-18　不同的图像预处理策略在 VRTS 虚拟视点图像数据集上的表现

图像预处理策略	RMSE	PLCC	SROCC
灰度化	0.4020	0.7760	0.7410
局部对比度归一化	0.4171	0.7532	0.7312
灰度化+局部对比度归一化	0.4251	0.7420	0.7122
本节方法	0.3940	0.7960	0.7461

如表 3-18 所示，图像块经过灰度化或局部对比度归一化后均会影响在虚拟视点图像数据集上的预测性能。其中，局部对比度归一化对虚拟视点图像质量度量的影响略大于灰度化。这是因为局部对比度归一化有可能改变图像局部结构信息，例如，某些原本因为邻域的纹理掩蔽效应而不可察觉的失真经过对比度归一化后变得显著，从而影响后续 CNN 特征提取的结果。

（2）不同的填充策略

我们保持网络的其他部分不变，分别测试卷积层使用填 0 与不填 0 两种填充策略在 VRTS 虚拟视点图像数据集上的预测性能。实验结果如表 3-19 所示。

表 3-19　不同的填充策略在 VRTS 虚拟视点图像数据集上的表现

填充策略	RMSE	PLCC	SROCC
填 0	0.3940	0.7960	0.7461
不填 0	0.4222	0.7230	0.7042

如表 3-19 所示，使用填 0 策略的质量度量性能优于不填 0 的策略。原因如前所述，填 0 策略尽可能地提取到了图像块边界信息，而图像块边界很有可能含有几何失真。

（3）不同的网络深度

Bosse 等[18]推测 CNN 的卷积层越深，对图像质量度量的性能提升作用越大。我们通过自对比实验验证该论断在虚拟视点图像数据集上是否成立。同样地，我们保持网络其他部分不变，但是在第一组卷积层后添加卷积层，来增加网络深度。为避免由于最大池化层更改卷积核的局部感受野，从而影响图像块特征提取，我们确保使用的卷积核大小相同，且不包含任何池化操作。

对于不同深度的网络，我们分别按照前述实验设置训练模型，并在测试集上记录预测质量评分与主观评分的 RMSE，实验结果如图 3-23 所示。

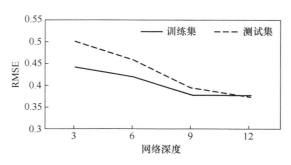

图 3-23　不同的网络深度在 VRTS 虚拟视点图像数据集上获得的 RMSE

如图 3-23 所示，卷积层越深（网络深度越大），网络模型在训练集和验证集上的 RMSE 逐渐下降，大致在 9 层左右达到最优。若进一步增加卷积层，网络模型在训练集上的 RMSE 会超过在测试集上的 RMSE，出现了过拟合。上述结果部分支持了 Bosse 等[18]的论断，即使用较深的 CNN 有利于虚拟视点图像质量度量。后期出现的过拟合现象，主要原因可能是训练样本容量不足造成的。

（4）不同的图像块评分聚合方式

为了验证提出的基于图像局部显著度的加权方式对虚拟视点图像质量度量的作用，我们保持网络其他部分不变，但是在得到虚拟视点图像块特征后，分别使用平均加权（Kang 等[6]所提方法）、基于图像显著度的加权（Bosse 等[18]所提方法）和基于图像局部显著度的加权（本节方法）的不同图像块评分聚合方式训练网络。实验结果如表 3-20 所示。

表 3-20　不同的图像块评分聚合方式在 VRTS 虚拟视点图像数据集上的表现

图像块评分聚合方式	RMSE	PLCC	SROCC
平均加权	0.4630	0.6920	0.6761
基于图像显著度的加权	0.4120	0.7420	0.7228
本节方法（基于图像局部显著度的加权）	0.3940	0.7960	0.7461

如表 3-20 所示，基于图像局部显著度加权优于其他两种方式。图 3-24 所示进一步可视化了使用图像显著度与图像局部显著度加权的区别。其中，图 3-24（a）与图 3-24（b）分别可视化了整张图像的显著度图，以及每个图像块的显著度图；图 3-24（c）可视化了基于图像局部显著度的权重，即最终用于对虚拟视点图像块评分加权的权值。注意到原始基于图像局部显著度的权重范围为 0~1，为便于观察，将其量化到 0~255 得到图 3-24（c）所示的灰度图，权重越大，对应区域越明亮；反之亦然。可以看到，图像局部显著度的权值与图像块中含有的几何失

真更为接近，更符合观察者能够察觉到的图像几何失真。以图中方框为例，该图像块中有明显的空洞，在图像显著度中并不明显，然而经过基于图像局部显著度的权重计算后，权值得到了提升。事实上，该图像块中包含的空洞位于虚拟视点图像中白色墙壁的中间，极容易被观察者察觉。

（a）整张图像的显著度图　　　（b）图像块的显著度图（拼接显示）　　（c）图像局部显著度（拼接显示）

图 3-24　虚拟视点图像的显著度图、图像块的显著度图及图像局部显著度可视化结果

3.3　基于多模态特征聚合的无参考虚拟视点视频质量度量方法

3.3.1　概述

在 3DTV、自由视点视频等实际应用中，虚拟视点不单单是静止的图像，还可能是连续运动的视频。因此，对 DIBR 系统的服务质量来说，需要评估的客户端视觉感知质量除受到虚拟视点图像中的几何失真的影响之外，还要考虑由参考视点深度图像有损编码与传输等过程传递给虚拟视点图像的量化失真，以及上述两类失真在时域上的影响。如何表征实际应用中的虚拟视点存在的时空域复合失真现象，并建立与人的主观感知一致的无参考虚拟视点视频质量度量模型，以准确评价 DIBR 系统的服务质量，是目前的研究热点。为恰当地表征虚拟视点视频中的复合失真，我们在提出的无参考虚拟视点图像质量度量方法的基础上，进一步发掘深度网络的特征表达能力，结合面向时空域非一致结构信息的三维剪切波变换，提出一种新的基于多模态特征聚合的无参考虚拟视点视频质量度量方法。首先，我们提出一种虚拟视点视频的多模态特征表示方式，即使用三维剪切波变换的频域统计特征来表征虚拟视点视频中的时空域几何失真；然后，利用深度网络的特

征提取能力，使用深度预训练模型来表征虚拟视点视频中的空域失真以及时域失真；最后，我们设计了一个基于注意力的多模态特征聚合方法，将上述多模态特征与质量度量网络联合，训练出一个无参考的虚拟视点视频质量度量网络。实验结果表明，本节方法在虚拟视点视频主观数据集上的表现优于已有方法。

3.3.2　虚拟视点视频失真分析及特征表示

与虚拟视点图像相比，国内外关于虚拟视点视频的研究方兴未艾。目前，尚未看到专门为虚拟视点视频设计的无参考质量度量指标。相比虚拟视点图像而言，虚拟视点视频有下面两个特点。

（1）虚拟视点视频中的失真比虚拟视点图像更复杂。在虚拟视点图像中，我们只考虑了几何失真这一种类型，默认虚拟视点图像是由原始无损伤的参考视点深度图像合成的。但对虚拟视点视频而言，参考视点深度视频的有损编码给合成后的虚拟视点视频带来的离散余弦变换量化失真是不可忽视的。因此，虚拟视点视频呈现出既有非一致、具有很强局部性的几何失真，又有从有损的参考视点深度图像传递过来的均匀、具有全局结构性的量化失真。图 3-25 所示为虚拟视点视频中的若干帧，图 3-25（a）～（d）分别表示原始无损伤视频帧、空洞、拉伸效应以及块效应。可以看到，除空洞、拉伸效应等几何失真之外，虚拟视点视频中还存在着明显的块效应等传统图像量化失真，这与 3.2 节中主要考虑几何失真不同。此外，还要考虑上述几何失真与传统图像量化失真在时域上的延展，例如参考视点深度有损编码给虚拟视点视频带来的时域闪烁等。

（a）原始无损伤视频帧　　　　　　　　　　　　　（b）空洞

图 3-25　虚拟视点视频中的失真

（c）拉伸效应　　　　　　　　　　　　　　　（d）块效应

图 3-25　虚拟视点视频中的失真（续）

（2）虚拟视点视频失真特征的表示方式更困难。传统视频质量度量指标（如 VQM、MOVIE[25]等）所选用的特征大多是为模糊、噪声、JPEG 压缩等全局失真设计的，在虚拟视点图像主观数据集上的表现并不是很好。近年来，针对虚拟视点图像中的几何失真，研究人员提出了一系列新的质量度量指标。这些方法虽然对虚拟视点图像几何失真有较强的特征表示能力，但是并不能完全胜任虚拟视点视频质量度量，原因在于视频本身具有高维度、时空域的特点，为图像设计的特征很难恰当地表示虚拟视点视频中存在的失真。

有关视频的特征表示方式的研究本身就是一个难问题。针对与视频相关的视觉任务（如动作识别、视频检索、事件检测、三维重建等），现有研究提出了一系列视频特征，例如 Laptev[26]提出的时空域兴趣点，该特征是图像 Harris 角点的扩展；SIFT-3D 和 HOG3D 是图像特征描述子在时域的扩展[27-28]。Wang 等[29]将图像邻接关系扩展到时域，首先提取每一帧的特征点，然后使用光流来描述帧与帧之间的关系。

得益于 CNN 的特征提取能力，基于深度学习的方法可以有效减少对手工设计特征的依赖，近年来在视频研究领域受到持续关注。相较于图像来说，视频的神经网络特征表达受限于运算能力，或只能表达视频的部分信息，或由于可训练参数过多导致参数爆炸。为此，已有的基于深度学习的特征表示方法可大致分为两类：第一类方法是使用三维时空域卷积提取视频特征[30-31]。该类方法使用三维卷积核直接处理原始视频，并引入全局平均池化、空洞卷积等技巧以减少可训练参数。即便如此，这类方法对输入视频的空间分辨率以及时间分辨率都有苛刻的要求，在实际应用时存在明显的局限。第二类方法是使用双流网络分别学习视频的空域特征和时域特征[32-33]。与第一类方法相比，第二类方法可训练的参数大大减少，适用于视频中空域与时域信息变化较明显的情形，例如运动识别。在这种场景中，空域特征与时域特征相对独立，提取到的双流特征更加紧致。然而，双流网络缺少表达时空域相关性的能力，对虚拟视点视频质量度量这种时空域紧密相关的任务的处理能力仍显不足。

考虑现有图像质量度量所使用的手工设计特征在表示虚拟视点视频复合失真的不足，以及已有基于深度学习的视频特征表示方法存在的问题，我们首先分析虚拟视点视频中的失真特点，然后给出一种紧致的特征表示方式。

1. 虚拟视点视频失真分析

如前所述，虚拟视点视频在最终呈现给用户前，经历了参考视点深度视频编码、传输，虚拟视点合成等环节。其中，参考视点深度视频编码引入了离散余弦变换量化失真。现有虚拟视点的应用大多使用标准编码器，例如 H.264/HEVC 对 RGB 视频和深度统一编码。为优化失真性能，在离散余弦变换过程中，往往会引入量化失真；此外，对视频序列而言，还有可能引入由于运动补偿带来的视频模糊。上述失真通过虚拟视点合成方法传递到虚拟视点视频中，会使虚拟视点视频也出现了（如块效应、模糊等）量化失真。这类失真的特点是均匀地分布在整个视频中，具有空间一致性与全局性。

除上述失真外，由虚拟视点合成方法引入的几何失真也是虚拟视点视频中的主要失真类型。由 3.2 节可知，该类失真具有空间非一致性与局部性。此外，由于虚拟视点合成的核心算法——三维图像变换极容易受参考视点深度精度的影响。参考视点深度图中的误差还会给虚拟视点视频带来前后背景像素渗透、帧与帧之间前后背景关系混叠等问题，表现为时域上的闪烁。这类失真也主要分布在场景中物体的边缘，对应深度不连续边，因此也被归为几何失真，如图 3-26 所示。

图 3-26　虚拟视点视频中的闪烁

因此，虚拟视点视频的质量损伤（图形量化失真和几何失真）可以用下面的降质方程表示：

$$J_{\text{encode}} = \text{encoding}\left(I^{v_{\text{ref}}}(t), D^{v_{\text{ref}}}(t)\right), t \in [1, T] \tag{3-36}$$

$$J_{\text{warp}} = \text{warping}\left(I'^{v_{\text{ref}}}(t), D'^{v_{\text{ref}}}(t)\right), t \in [1, T] \tag{3-37}$$

$$J = J_{\text{encode}} \otimes J_{\text{warp}} \tag{3-38}$$

式中，$I^{v_{\text{ref}}}(t)$、$D^{v_{\text{ref}}}(t)$ 分别表示原始无损伤的参考视点深度图像的颜色图和深度图；$I'^{v_{\text{ref}}}(t)$、$D'^{v_{\text{ref}}}(t)$ 表示编码后的参考视点深度图像的颜色图和深度图；v_{ref} 表示参考视点；t 表示帧数；T 为视频的总帧数；encoding 和 warping 分别表示编码操作与三维图像变换操作。其中，几何失真 J_{warp} 服从时空域的非一致性分布，而图像量化失真 J_{encode} 服从时空域的一致性分布，如拉普拉斯分布等。最终虚拟视点视频的质量损伤 J 是上述两类失真复合作用的呈现，这里用 $\otimes$ 运算符表示两种失真的混叠，是逐像素失真的按位乘。

受式（3-36）、式（3-37）和式（3-38）的启发并结合双流网络的特点，本节选用3类特征线索来表征虚拟视点视频中的复合失真。针对虚拟视点视频中的时空域几何失真，选用能够有效表征时空域各向异性特性的三维剪切波变换的频域统计特征；针对深度视频编码引入的量化失真，同时选用基于深度预训练模型的空域特征，以及基于深度预训练模型的时域特征。这3组特征基本覆盖了虚拟视点视频中的所有失真类型，可被认为是紧致的。

2. 基于三维剪切波变换的频域统计特征

自然场景统计特征被广泛用于无参考的图像质量度量。其中，基于频域变换（如离散余弦变换、傅里叶变换、小波变换）的频域统计特征对图像失真分析尤为有效。然而，现有基于小波变换的自然场景统计特征并不适用于虚拟视点视频质量度量。原因主要有二：其一，小波变换本身并不能很好地检测出图像中的非一致性、局部性的几何失真；其二，小波变换在扩展到高维数据时，在空域和时域上具有各向同性，很难检测出非一致性、局部性的时空域几何失真。

受 Li 等[34]工作的启发，本节使用三维剪切波变换，将虚拟视点视频变换到三维剪切波域，然后从三维剪切波系数中提取统计特征，以期望能反映虚拟视点视频中的时空域几何失真。三维剪切波已经被证明能够提取三维数据中的各向异性特征（如不连续的曲线等）。这恰恰与虚拟视点视频中的几何失真分布形态接近。

图 3-27（a）所示为虚拟视点视频帧，图 3-27（b）所示为虚拟视点图像经三维剪切波变换后的第一个子带的系数图，图 3-27（c）所示为虚拟视点图像经 Harr 小波变换后水平子带的系数图，图 3-27（d）所示为 VGG-19 预训练模型 Conv5_3 层输出的特征图。如图 3-27（b）所示，虚拟视点图像经过三维剪切波变换后，子带的系数能够有效地检测出空洞。相比之下，Harr 小波变换后水平子带的系数和基于 VGG-19 预训练模型的特征图对空洞并不敏感。

（a）虚拟视点视频帧

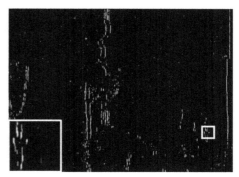

（b）经三维剪切波变换后的第一个子带的系数图

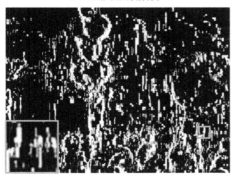

（c）Harr 小波变换后水平子带的系数图

（d）VGG-19预训练模型Conv5_3层输出的特征图

图 3-27　虚拟视点视频在不同特征表示方式下的几何失真

因此，我们可以将虚拟视点视频先变换到三维剪切波域，得到一组三维剪切波系数。在此基础上，提取出剪切波子带的统计特征，以此来表征虚拟视点视频中的时空域几何失真。其中三维剪切波系统为

$$
\mathcal{SH}\left(\phi, \psi^{(1)}, \psi^{(2)}, \psi^{(3)}; a, k, c\right) =
$$
$$
\Phi(\phi; c_1) \bigcup \Psi^{(1)}\left(\psi^{(1)}; a, k, c\right) \bigcup \Psi^{(2)}\left(\psi^{(2)}; a, k, c\right) \bigcup \Psi^{(3)}\left(\psi^{(3)}; a, k, c\right)
$$

（3-39）

式中，ϕ、$\psi^{(i)}$（i=1,2,3）是三维剪切波域的基；$\Phi(\phi;c_1)$、$\Psi^{(i)}\left(\psi^{(i)};a,\boldsymbol{k},\boldsymbol{c}\right)$（$i=1,2,3$）分别表示由 ϕ 基组成的簇与 $\psi^{(i)}$ 基组成的簇，分别记作：

$$\Phi(\phi;c_1) = \left\{ \phi_m = \phi(\cdot - c_1 m) : m \in \mathbb{Z}^2 \right\} \tag{3-40}$$

$$\Psi^{(i)}\left(\psi^{(i)};a,\boldsymbol{k},\boldsymbol{c}\right) = \left\{ \psi^{(i)}_{j,k,m} = 2^{\frac{a_j+1}{4}} \psi^{(i)}\left(\boldsymbol{S}^{(i)}_k \boldsymbol{A}^{(j)}_{a_j,2^j} \cdot - \boldsymbol{M}^{(i)}_c m \right) : \right.$$
$$\left. j \leqslant 0, |k| \leqslant \left\lceil 2^{\frac{j(a_j-1)}{2}} \right\rceil, m \in \mathbb{Z}^2 \right\} (i=1,2,3) \tag{3-41}$$

式（3.40）与式（3.41）中的 · 是待变换的信号，这里就是将虚拟视点视频表示为三维信号在时空域中的任意一点。由式（3-40）可知，ϕ 基主要由 c_1 和 m 决定，其中 c_1 是尺度系数，m 为复平面 $\mathbb{Z}^2$ 上的任意一点，用于表示 ϕ 基的在复平面的方向。由式（3-41）可知，$\psi^{(i)}$ 基主要由 $a,\boldsymbol{k},\boldsymbol{c}$ 决定，其中 $a = (a_j), j \in (0,2), a_j \in (0,2)$ 是方向系数，根据 j 和 a_j 的取值的组合，定义了一组覆盖三维空间、不同尺度的方向簇。$\boldsymbol{c} = (c_1, c_2) \in \mathbb{R}^2_+$，$\boldsymbol{k} = (k_1, k_2) \in \mathbb{Z}^2$，分别是 $\psi^{(i)}$ 基的缩放系数与剪切系数，与小波系数类似。特别地，$\boldsymbol{k}$ 能够利用后面的错切矩阵构造出各向异性的 $\psi^{(i)}$ 基。

具体地，三维剪切波系统使用尺度矩阵 $\boldsymbol{A}^{(i)}_{a,2^j}$、错切矩阵 $\boldsymbol{S}^{(i)}_k$ 和缩放矩阵 $\boldsymbol{M}^{(i)}_c$ 来构造出支撑整个三维剪切波域的基。

$$\boldsymbol{A}^{(1)}_{a_j,2^j} = \begin{pmatrix} 2^j & 0 & 0 \\ 0 & 2^{\frac{a_j}{2}} & 0 \\ 0 & 0 & 2^{\frac{a_j}{2}} \end{pmatrix}, \boldsymbol{A}^{(2)}_{a_j,2^j} = \begin{pmatrix} 2^{\frac{a_j}{2}} & 0 & 0 \\ 0 & 2^j & 0 \\ 0 & 0 & 2^{\frac{a_j}{2}} \end{pmatrix},$$

$$\boldsymbol{A}^{(3)}_{a_j,2^j} = \begin{pmatrix} 2^{\frac{a_j}{2}} & 0 & 0 \\ 0 & 2^{\frac{a_j}{2}} & 0 \\ 0 & 0 & 2^j \end{pmatrix} \tag{3-42}$$

$$\boldsymbol{S}^{(1)}_k = \begin{pmatrix} 1 & k_1 & k_2 \\ 0 & 1 & 0 \\ 0 & 0 & 1 \end{pmatrix}, \boldsymbol{S}^{(2)}_k = \begin{pmatrix} 1 & 0 & 0 \\ k_1 & 1 & k_2 \\ 0 & 0 & 1 \end{pmatrix}, \boldsymbol{S}^{(3)}_k = \begin{pmatrix} 1 & 0 & 0 \\ 0 & 1 & 0 \\ k_1 & k_2 & 1 \end{pmatrix} \tag{3-43}$$

$$\boldsymbol{M}_c^{(1)} = \mathrm{diag}\left(c_1, c_2, c_2\right), \boldsymbol{M}_c^{(2)} = \mathrm{diag}\left(c_2, c_1, c_2\right), \boldsymbol{M}_c^{(3)} = \mathrm{diag}\left(c_2, c_2, c_1\right) \qquad （3\text{-}44）$$

式中，$\boldsymbol{A}_{a_j,2^j}^{(i)}\left(i=1,2,3\right)$ 利用 a_j、2^j 确定了 3 个方向的尺度；$\boldsymbol{S}_k^{(i)}\left(i=1,2,3\right)$ 利用 $\boldsymbol{k}$ 确定了不同的错切位移；$\boldsymbol{M}_c^{(i)}\left(i=1,2,3\right)$ 利用 $\boldsymbol{c}$ 确定了在不同方向上的缩放。由此得到的三维剪切波系统 $\mathcal{SH}\left(\phi,\psi^{(1)},\psi^{(2)},\psi^{(3)};a,k,c\right)$ 可以认为是一组定义良好的方向滤波器组，能够较好地表征高维数据的各向异性特征，尤其适合表征高维数据中的奇异曲线。对虚拟视点视频来说，各向异性的奇异曲线就是时空域中物体遮挡边缘处的几何失真（包括但不限于空洞、拉伸效应等）。图 3-28 所示为三维剪切波系数对虚拟视点视频中几何失真的检测能力。可以看到，与原始无损伤视频的三维剪切波系数可视化图相比，虚拟视点视频的三维剪切波系数可视化图明显地标识出虚拟视点视频中的时空域空洞。

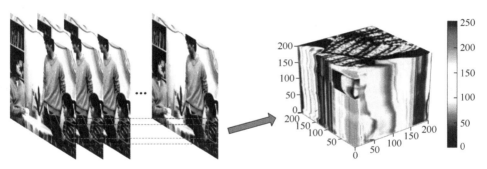

（a）原始无损伤视频及对应视频块的三位剪切波系数可视化

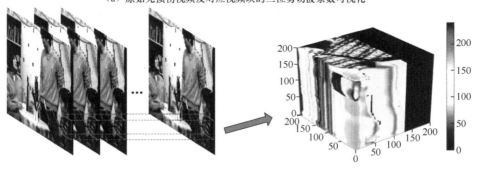

（b）虚拟视点视频及对应视频块的三位剪切波系数可视化

图 3-28　三维剪切波系数对虚拟视点视频中几何失真的检测能力

在将虚拟视点视频变换到三维剪切波域后，接着使用剪切波特征描述子（shearlet-based feature descriptors，SBFDs）的平均值来表征虚拟视点视频在频域的统计特征。受限于计算机的计算能力，视频首先被分为若干个不重叠的视频块，然后对每个视频块计算其 SBFDs，计算过程如图 3-29 所示。

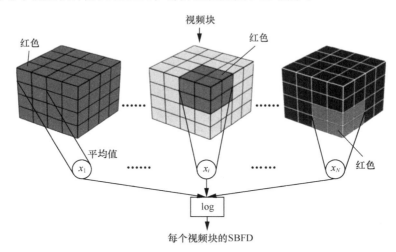

图 3-29　视频块剪切波特征描述子平均值的计算过程

给定一个视频块，其 SBFDs 中的每个元素 x_i 定义如下：

$$x_i(a,k,b) = \frac{\sum\limits_{c \in b} |\mathcal{SH}_\phi v(a,k,c)|}{m^3} \tag{3-45}$$

式中，$a = 1, 2, \cdots, A$ 是方向的索引，表示 A 个不同的方向；$k = 1, 2, \cdots, K$ 是尺度的索引，表示 K 个不同的位置；$b = 1, 2, \cdots, (M/m)^3$ 是汇聚区域，对应图 3-29 所示的不同的红色块的索引，M 表示视频块的大小（剪切波系数矩阵大小相同），m 表示汇聚区域的大小；$c = 1, 2, \cdots C$ 表示不同子带。由此可知，$\mathcal{SH}_\phi v(a,k,c)$ 表示的就是给定方向 a、位置 k 以及汇聚区域 b 时，某个子带 c 的剪切波系数。注意这里的 a，k，c 与剪切波系统中的参数 a，k，c 相互联系，实际上是 a，k，c 应用于视频块的特例。将所有子带上的剪切波系数平均，即可得当前汇聚区域的平均剪切波系数 $x_i(a,k,b)$。

将每个汇聚区域的平均剪切波系数连接成一个向量，并使用对数减少它们之间的线性相关性，即可得该视频块的 SBFDs：

$$\text{SBFDs} = \left[\ln(x_1), \ln(x_2), \cdots, \ln(x_N)\right] \tag{3-46}$$

式中，$N = A \times K \times (M/m)^3$，是该视频块所有汇聚区域的总个数，也是 SBFDs 向量的长度。

最后，将整个视频的所有视频块的 SBFDs 分别平均后再连接起来，即可得到三维剪切波变换的频域统计特征：

$$M_{shear} = \left\{ SBFDs^1, \cdots, SBFDs^j, \cdots \right\}, j \in \left\{ 1, 2, \cdots, \left\lfloor \frac{W \times H \times T}{M} \right\rfloor \right\} \quad （3-47）$$

式中，W 和 H 是视频的空间分辨率；T 是视频总帧数。

3. 基于深度预训练模型的空域特征和时域特征

除了使用基于三维剪切波变换的频域统计特征来表征虚拟视点视频中的时空域几何失真，本节还利用 CNN 对图像/视频的特征提取能力来表征虚拟视点视频中由参考视点深度视频量化编码引入的失真。

考虑现有图像/视频主观数据集样本不足的问题，本节利用迁移学习，在更通用的图像/视频数据集上预训练的模型中去掉最后的全连接层并固定之前各层的可训练参数，以此来提取虚拟视点视频的空域和时域特征。

（1）基于深度预训练模型的空域特征

为提取虚拟视点视频的空域特征，我们使用在 ImageNet 数据集上预训练的 VGG-19 模型提取每一帧的图像特征。ImageNet 数据集包含上千万张自然图像，保证了学习到的图像特征具有很强的泛化能力，因而迁移到虚拟视点视频上能减少训练偏差。在实际使用中，我们将 VGG-19 模型网络的最后一个全连接层去掉，使用第一个全连接层输出的特征向量。所提取的特征与 VGG-19 模型的关系如图 3-30 所示。

空域特征

图 3-30　VGG-19 模型的网络结构与所选取的空域特征

图 3-30 所示的网络包含 12 个卷积层（Conv），5 个最大池化层（Max-pooling），以及 3 个全连接层（FC）。除展示了卷积层之外，图 3-30 所示还展示了网络参数。例如，（3×3 Conv, 64）表示卷积核大小为 3×3，输出特征图通道为 64；（FC 4096）表示输出特征向量大小为 4096，以此类推。具体网络参数参见 VGG-19。

对虚拟视点视频，我们首先将其中每一视频帧分为 R、G、B 共 3 个独立的通道，分别送入 VGG-19 模型网络，并对提取到的 3 个特征向量，采用平均池化进行信息融合，以供后续视频质量度量网络使用。另外，还可以直接将 RGB 三通道图像送入 VGG-19 模型网络，在第一个卷积层进行通道融合。这种早期融合（early fusion）策略有可能丢弃掉图像中的失真信息。第 2 章也做过类似的实验，即使用原始失真图像要优于使用灰度化后的图像。后面的自对比实验将对两种通道融合策略进行比较验证。

（2）基于深度预训练模型的时域特征

为表征虚拟视点视频中的时域量化失真，我们在 KITTI 数据集上预训练一个自编码器来估计相邻两帧的光流。由于虚拟视点视频中的量化失真主要是由量化编码引入的运动模糊，相邻两帧的光流图的变化则能表征对应视频片段中量化失真的多少。例如，相邻两帧的光流变换平缓，表示帧与帧之间运动较平滑，没有明显的运动模糊。由于预测得到的光流图本身也是高维数据，这限制了后续图像质量度量网络的训练，为此我们选择编码器的第一个全连接层的输出来表征时域特征。根据迁移学习的特性，预训练的自编码器能够在一定程度上表征虚拟视点视频相邻两帧的光流，进而可用于表示虚拟视点视频中的时域量化失真。自编码器的网络结构与所选取的时域特征关系如图 3-31 所示。

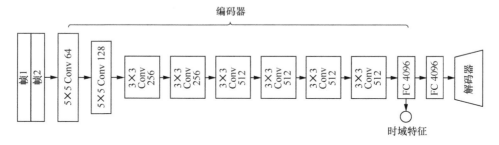

图 3-31　自编码器的网络结构与所选取的时域特征

与图 3-30 所示类似，自编码器（左半部分）包含 8 个卷积层（Conv），以及两个全连接层（FC）；解码器（decoder）的网络结构与自编码器对称，图中并未详细画出。

对虚拟视点视频来说，首先将其拆分成重叠长度为 3 的视频片段。对每个视频片段 $\{I^{t-1}, I^t, I^{t+1}\}$，分别计算当前时刻帧 I^t 与前后两帧 $\{I^{t-1}, I^{t+1}\}$ 对应的时域特征。注意到 $t \in [2, T-1]$（T 为视频总帧数），这意味着最终得到的视频片段数为 $T-2$。

3.3.3　基于注意力的多模态特征聚合

通过选用基于三维剪切波变换的频域统计特征、基于深度预训练模型的时域特征和空域特征就能得到虚拟视点视频复合失真的一组紧致表示方式。直接将上述 3 类组特征送入 CNN 进行训练有两个困难：（1）所选用的 3 类特征来自不同模态，所表征的含义以及对应虚拟视点视频中的信息不同。例如，三维剪切波变换的频域统计特征反映的是虚拟视点视频块的时空域信息；而基于深度预训练模型的空域特征则对应虚拟视点视频中的某一帧。直接将上述特征拼接后卷积，容易导致不同模态信息的不均衡；（2）上述 3 类特征的特征维度不同，简单地将不同模态的特征维度对齐，容易导致某一类特征变得稀疏，不利于梯度的反向传播。因此，本节设计了一个基于注意力的多模态聚合质量度量网络，首先对上述 3 类特征进行聚合，然后回归得到整段虚拟视点视频的质量评分。整个无参考虚拟视点视频质量度量网络的结构如图 3-32 所示。

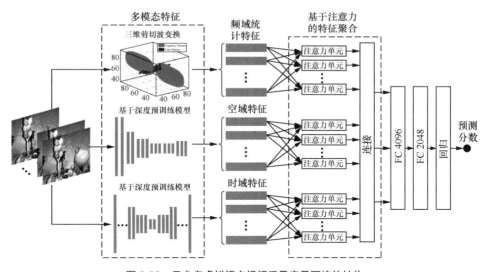

图 3-32　无参考虚拟视点视频质量度量网络的结构

1. 基于注意力的特征聚合

由前面可知，选用的 3 类虚拟视点视频特征中的每个元素均反映了视频中的局部信息，特征的维度和特征总数均不相同，具体分析如下。

（1）三维剪切波变换的频域统计特征

其中的每一个 SBFDs 代表一个虚拟视点视频块，长度与所选用的三维剪切波子带，以及视频块的汇聚区域数量有关。SBFDs 的总数与视频块的数量相等。

（2）基于深度预训练模型提取的空域特征

VGG-19 模型提取的空域特征的每一个元素对应视频中的某一帧，VGG-19 FC1 输出的特征向量大小为 4096。空域特征的总数等于视频的帧数 T。

（3）基于深度预训练模型提取的时域特征

自编码器提取的时域特征的每一个元素对应视频中长度为 3 的视频片段，长度为自编码器中编码器 FC 层输出的特征向量大小为 4096。时域特征的总数等于 $T-2$，因为第一帧和最后一帧无法提取前后两帧的光流图。

基于此，我们首先将每个模态下的特征连接起来，以表示视频层次（frame-level）的特征。设某一模态包含了 L 个局部特征，每个特征向量维度为 N，则视频层次的特征可以表示为 $N \times L$ 的矩阵 $\boldsymbol{M}$，其中每一列表示一个局部特征，即

$$\boldsymbol{M} = \left(\boldsymbol{x}_1^{\mathrm{T}}, \cdots, \boldsymbol{x}_L^{\mathrm{T}} \right) \tag{3-48}$$

针对不同模态特征维度不同的情况设置对应注意力单元的权重及偏差。其中，每个权重初始化为 one-hot 向量（有且只有一个元素为 1，其余元素都为 0 的向量）。每个模态的注意力单元是分别训练的，确保在进行特征聚合之前，各模态之间的信息是相互独立的。同时，每个模态的注意力单元的总数是相等的，类似于全连接层的结点数，这样就确保各模态经过注意力层之后，输出的维度是相等的，从而满足后续特征聚合的需要。

2. 质量度量回归网络

经过注意力层的多模态特征具有相同的维度，将它们连接起来通过两层级联的全连接层（FC 4096），回归得到整段视频的质量预测值 $Q_{\mathrm{predictive}}$，并使用与主观评分 $Q_{\mathrm{subjective}}$ 的平均绝对误差作为目标函数：

$$\begin{aligned} L_{\mathrm{video}} &= \left| Q_{\mathrm{predictive}} - Q_{\mathrm{subjective}} \right| \\ &= \left| F\left(V_{\mathrm{vir}}; M_{\mathrm{shear}}, M_{\mathrm{spatio}}, M_{\mathrm{tempo}} \right) - Q_{\mathrm{subjective}} \right| \end{aligned} \tag{3-49}$$

式中，M_{shear}、M_{spatio}、M_{tempo} 分别表示三维剪切波变换的频域统计特征、基于深度预训练模型的空域特征和时域特征；V_{vir} 表示待评价的虚拟视点视频；$F(\cdot)$ 表示质量度量回归网络。我们使用 ADAM 作为优化器最小化目标函数，以训练出一个虚拟视点视频质量度量模型。

3.3.4　虚拟视点视频主观数据集的构建

与虚拟视点图像主观数据集相比，虚拟视点视频的公开数据集更少，目前只有 IRCCyN/IVC 虚拟视点视频数据集。该数据集包含 3 个场景，一共 102 条虚拟视点视频。该视频数据集的构造方法为：首先对每个场景设置 4 个不同的虚拟视点，将参考视点深度视频使用 7 种不同的虚拟视点合成方法变换到虚拟视点下。在深度学习被引入图像/视频质量度量之前，IRCCyN/IVC 虚拟视点视频数据集为研究虚拟视点视频质量度量作出了巨大贡献。然而，该数据集本身存在 3 个不足：（1）数据集包含的场景内容过少，只有 BookArrival、LoveBird 和 Newspaper，这 3 个场景均为室内场景，而且人物位于视频中央的前景区域；（2）虚拟视点视频样本容量过小，只有 102 条，难以满足深度网络训练需要；（3）失真类型单一，仅模拟了由虚拟视点合成方法引入的几何失真，没有将参考视点深度视频的有损编码考虑进去。因此，直接使用该数据集训练我们的无参考虚拟视点视频质量度量网络，容易出现训练偏差。

为此，我们构建了一个新的虚拟视点视频主观数据集——VRTS 虚拟视点视频数据集，并在 2018 年 9 月组织了主观实验。我们的数据集包含了 12 个场景，分别是 Balloons、Cafe、Dancer、Chair Box、Kendo、Poznan Street、GT Fly、Family、Treeflight、Poznan Hall，Poznan Corpark 和 Shark，如图 3-33 所示。

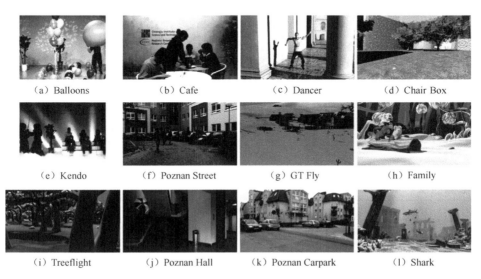

（a）Balloons　　　　（b）Cafe　　　　（c）Dancer　　　　（d）Chair Box

（e）Kendo　　　　（f）Poznan Street　　　　（g）GT Fly　　　　（h）Family

（i）Treeflight　　　　（j）Poznan Hall　　　　（k）Poznan Carpark　　　　（l）Shark

图 3-33　VRTS 虚拟视点视频数据集中的场景

上述场景均来自具有代表性的视频公开数据集，包括日本名古屋大学的自由视点视频数据集、波兰波兹南技术大学的多视点深度视频序列以及德国弗雷堡大学的立体视频数据集。我们在选用场景时，确保既有室内场景，也有室外场景。此外所选场景中，人物位于视频中央前景区域的场景只有 Cafe、Dancer、Kendo 和 Family。

为量化说明所选场景相比 IRCCyN/IVC 虚拟视点视频数据集的多样性，我们按照 ITU-T P.910 建议书统计场景的空域感知信息 SI 和时域感知信息 TI。较大的 SI 和 TI 表示更丰富的场景内容。

为计算 SI，对场景参考视点视频中的每一帧 $I(t), t \in [1, \cdots, T]$，首先进行 Sobel 滤波提取高频部分，然后计算滤波后图像的标准差。对视频的所有帧选取最大标准差来表示场景的空域感知信息：

$$\mathrm{SI} = \max_T \left(\mathrm{std}_{\mathrm{space}} \left\{ \mathrm{Sobel} \left[I(t) \right] \right\} \right) \tag{3-50}$$

式中，Sobel 表示 Sobel 滤波器；$\mathrm{std}_{\mathrm{space}}$ 表示空域信息的标准差。

为计算 TI，对每个场景参考视点视频中的相邻两帧计算运动差 $M(t)$。与 SI 类似，遍历所有视频帧后，选择运动差的最大标准差来表示时域信息：

$$\mathrm{TI} = \max_T \left\{ \mathrm{std}_{\mathrm{time}} \left[M(i) \right] \right\} \tag{3-51}$$

式中，$\mathrm{std}_{\mathrm{time}}$ 表示时域信息的标准差。

图 3-34 所示对比了 VRTS 虚拟视点视频数据集和 IRCCyN/IVC 虚拟视点视频数据集的 TI 和 SI。可以看出，VRTS 虚拟视点视频数据集的 SI 和 TI 的变化范围更大，因此具有更丰富的空域和时域信息。由此可知，VRTS 虚拟视点视频数据集所选用的场景在多样性上优于 IRCCyN/IVC 虚拟视点视频数据集。

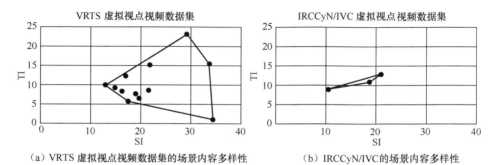

（a）VRTS 虚拟视点视频数据集的场景内容多样性　　（b）IRCCyN/IVC的场景内容多样性

图 3-34　VRTS 虚拟视点视频数据集与 IRCCyN/IVC 虚拟视点视频数据集场景多样性对比

与 IRCCyN/IVC 虚拟视点视频数据集相比，我们进一步考虑虚拟视点视频的复合失真——在构建虚拟视点视频时考虑参考视点深度视频编码引起的模糊、块效应的失真。对每个场景的参考视点视频，我们首先模拟了参考视点深度视频的有损编码，选用两种主流的视频编码器 H.264 与 HEVC，并对每一种编码器设置不同的量化步长来处理原始无损伤的参考视点视频。编码后的参考视点深度视频再使用 7 种不同的虚拟视点合成方法得到虚拟视点视频。为增加样本容量，对每一个场景，我们随机选择 4 个不同的虚拟视点。最终，我们构建了一个包含 2700 条虚拟视点视频（包含原始无损伤场景）、视频中包含复合失真的虚拟视点视频主观数据集。

我们根据 ITU-R BT.500-13 建议书采集主观评分。主观实验的实验环境以及评分方法与第 2 章相同。区别在于播放的是长度为 10 s（250 帧）的测试视频。在两条测试序列之间，播放 5 s 的灰度激励场，以缓和视频质量损伤给观察者带来的刺激。每测试 30 min，要求观察者休息 5 min。我们共邀请了 20 位观察者，统计他们的平均意见得分。这 20 名观察者均来自社会公开招募，其中包括 14 名北京地区高校学生，6 名北京地区社会工作人员。观察者包括 9 名女性，11 名男性，平均年龄为 24.05 岁，年龄标准差为 3.2477。测试完成后，使用 β_2 统计法筛掉评分异常的观察者，最终保留了所有观察者的评分。所构建的图像和视频主观数据集均已公开。

3.3.5　实验结果与分析

1. 虚拟视点视频预处理

按照我们选用的特征表示方式，对每一条测试视频进行以下预处理。

（1）基于三维剪切波变换的频域统计特征

首先将测试视频切分成 128 像素 × 128 像素 × 250 帧的视频块，然后使用 ShearLab 提供的 MATLAB 接口对每一个视频块做三维剪切波变换。在变换后，选择 31 个子带，提取每个子带的系数，然后计算每个子带在视频块上的平均值。通过实验，发现汇聚区域等于视频块大小时，得到的 SBFDs 与主观评分的相关性较好。最终得到的频域统计特征维度是 31，数量是 $\lfloor (W \times H)/(128 \times 128) \rfloor$。其中，$W \times H$ 表示视频帧的空间分辨率。

（2）基于深度预训练模型的空域特征

实验使用在 ImageNet 上训练的 VGG-19 模型，并选择 FC1 层的输出作为空域特征。对测试视频，首先切分成 250 帧。考虑测试视频的分辨率大于 VGG-19 模型要求的输入分辨率，对每张视频帧，随机裁剪 50 次，分别使用 VGG-19 模型提取特征，再将输出的空域特征平均。最终，提取的空域特征维度是 4096，数量与视频帧数相当，对 VRTS DIBR 主观数据集来说是 250。

（3）基于深度预训练模型的时域特征

与空域特征类似，实验使用在 KITTI 上预训练的自编码器，并将编码器的 FC 层输出作为运动特征。为计算当前帧与前后两帧的光流图，实验直接将连续 3 帧 I^{t-1}、I^t、I^{t+1} 送入自编码器。最终，提取的时域特征维度是 4096，特征数量为 248。

2. 训练

对虚拟视点图像质量度量网络来说，每个注意力单元由两个全连接层组成，权重被初始化为 one-hot 向量。注意力单元的个数固定为 128 个，从而将不同模态的特征对齐。通过使用多模态特征表示以及注意力机制，可极大地减少可训练参数。

实验在 VRTS 虚拟视点视频数据集上训练无参考虚拟视点视频质量度量模型。同样地，按照场景内容，将所有虚拟视点视频分为 60% 的训练集、20% 的验证集和 20% 的测试集。各数据集之间的场景内容完全不同，以避免数据污染而引起过拟合。

在训练图像质量度量网络时，受限于计算能力，设置每个批次的大小为 1，训练轮次设为 10。在训练过程中，记录验证集上 PLCC 指标最好的 5 个模型并保存对应的可训练参数。在测试阶段，分别使用上述 5 个模型预测质量评分，最后取平均值。

3. 评测方法

为了说明本章提出的无参考虚拟视点视频质量度量方法的有效性，实验选择若干图像质量度量方法、虚拟视点图像质量度量方法，以及视频质量度量方法作为对比。

对图像质量度量方法，实验选择全参考图像质量度量指标 PSNR、SSIM 和 FSIM，无参考图像质量度量指标 BLIINDS-II 和 NIQE；对虚拟视点图像质量度量方法，实验选择全参考指标 3DswIM、MW-PNSR 和 MP-PNSR，无参考指标 NIQSV+ 和 APT。此外，实验还对比 3.2 节在 VRTS 虚拟视点图像数据集上训练的模型，记为 BlindSIQA。上述指标本身是为图像质量度量设计的，并没有考虑时域信息。为公平起见，实验将它们扩展到时域，使其能够度量视频质量。具体来说，首先使用上述指标获得虚拟视点视频中每一帧的图像质量评分，然后分别使用最大池化、最小池化、平均池化、中位数池化以及神经网络池化将图像质量评分汇聚成整段视频的评分。相应的聚合方法分别为

$$Q_{\max} = \max_{T} Q_{\mathrm{pred}}\left[I(t)\right] \tag{3-52}$$

$$Q_{\min} = \min_{T} Q_{\mathrm{pred}}\left[I(t)\right] \tag{3-53}$$

$$Q_{\mathrm{avg}} = \frac{1}{T}\sum_{t=1}^{T} Q_{\mathrm{pred}}\left[I(t)\right] \tag{3-54}$$

$$Q_{\mathrm{med}} = \mathrm{median}\left\{Q_{\mathrm{pred}}\left[I(1)\right],\cdots,Q_{\mathrm{pred}}\left[I(T)\right]\right\} \tag{3-55}$$

$$Q_{\mathrm{nn}} = \mathrm{Conv}\left\{Q_{\mathrm{pred}}\left[I(1)\right],\cdots,Q_{\mathrm{pred}}\left[I(T)\right]\right\} \tag{3-56}$$

式中，Q_{pred} 表示使用不同的图像质量度量指标得到的每帧图像的质量预测值；$\mathrm{median}\{\cdot\}$ 是指对输入的所有帧的质量预测值求中位数；$\mathrm{Conv}\{\cdot\}$ 是指基于多层感知机的神经网络聚合，这里使用类似本节方法的结构，即两层全连接层回归得到视频质量预测值。上述图像质量度量指标在 VRTS 虚拟视点视频数据集上的表现如图 3-35 所示。

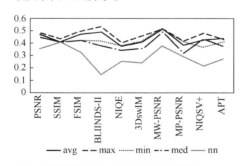
（a）在VRTS 虚拟视点视频主观数据集上的PLCC

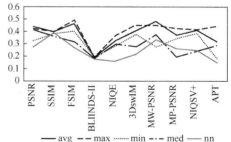
（b）在VRTS 虚拟视点视频主观数据集上的SROCC

图 3-35　不同的图像质量度量指标汇聚方法在 VRTS 虚拟视点视频数据集上的表现

由图 3-30 所示可见，不同的汇聚方法对每个图像质量度量指标的影响不尽相同。综合考察五种汇聚方法在所有图像质量度量指标上的 PLCC 和 SROCC，我们最终选择表现最好的最大聚合方法，即取所有视频帧预测值的最大值作为整段视频的质量评分。

对视频质量度量指标，由于目前尚无有代表性的无参考虚拟视点视频质量度量指标，故实验只选择了全参考传统视频质量度量指标 VQM 与 MOVIE，以及无参考视频质量度量指标 SACONVA[34]。其中，SACONVA 使用三维剪切波变换提取频域统计特征，然后使用 CNN 预测视频质量，与本节方法的差异有二：第一，剪切波统计特征表示方式不同，SACONVA 使用所有剪切波子带上的系数，对视频块按照固定窗口进行平均汇聚，然后将所有视频块汇聚后的 SBFDs 按照位置再进行平均，而本节方法则只选择 31 个子带系数，每个视频块只提取一个 SBFDs，所有视频块提取的 SBFDs 并不再进行平均汇聚，而是组成特征矩阵 M_{shear} 送入 CNN；第二，SACONVA 直接使用回归网络，而本节方法使用注意力机制首先对多模态特征进行聚合，然后再使用两层全连接层回归得到质量预测值。自对比实验部分将重点说明上述两种不同策略的区别。

为使对比实验结果更为可信，实验分别在 VRTS 虚拟视点视频数据集和 IRCCyN/IVC 虚拟视点视频数据集上测试质量预测性能。与前述方法类似，选用 PLCC、SROCC 以及 RMSE 作为评价指标。考虑传统图像质量度量方法预测值的范围不同，我们将平均意见得分值归一化到[0,1]，然后使用三次多项式拟合方法将每个指标的预测分数也转换到[0,1]。对基于深度学习的方法（包括 SACONVA 和本节方法），则不需要做上述转换。

4. 实验结果

实验首先在 VRTS 虚拟视点视频数据集上比较本节方法与其他对比方法的质量度量性能。对传统的图像/视频质量度量指标，直接在测试集上预测视频质量并与主观评分做统计分析；对 SACONVA，实验分别测试在 LIVE-V 数据集上训练的模型和在 VRTS 虚拟视点视频数据集上训练的模型。前者记为 SACONVA*。实验结果如表 3-21 所示。

表 3-21　本节方法与其他对比方法在 VRTS 虚拟视点视频数据集上的表现

方法	PLCC	SROCC	RMSE	原始度量目标	类别
PSNR	0.4557	0.4417	0.5927	二维图像	全参考
SSIM	0.4348	0.4004	0.5996	二维图像	全参考
FSIM	0.4971	0.4923	0.5422	二维图像	全参考
BLIINDS-II	0.5331	0.1800	0.5633	二维图像	无参考
NIQE	0.4022	0.3673	0.6096	二维图像	无参考
VQM	0.6301	0.6026	0.5827	二维视频	全参考

续表

方法	PLCC	SROCC	RMSE	原始度量目标	类别
MOVIE	0.6520	0.6390	0.5230	二维视频	全参考
SACONVA	0.7420	0.7231	0.4391	二维视频	无参考
SACONVA*	0.5820	0.5682	0.4922	二维视频	无参考
3DswIM	0.6543	0.6523	0.5226	虚拟视点图像	全参考
MW-PNSR	0.6023	0.6246	0.4851	虚拟视点图像	全参考
MP-PNSR	0.6448	0.6674	0.5121	虚拟视点图像	全参考
APT	0.7323	0.7157	0.4546	虚拟视点图像	无参考
NIQSV+	0.7124	0.6668	0.4676	虚拟视点图像	无参考
BlindSIQA	0.7328	0.7222	0.4426	虚拟视点图像	无参考
本节方法	0.7812	0.7703	0.4196	虚拟视点视频	无参考

从表 3-21 所示可以得到下面 3 个结论。

（1）现有的视频质量度量方法并不适用于虚拟视点视频。两种全参考的视频质量度量方法中，MOVIE 表现最好，其 PLCC、SROCC 与 RMSE 的值分别为 0.6520、0.6390 和 0.5230。基于深度学习的 SACONVA 比较特殊，若使用在传统视频数据集 LIVE-V 上训练的模型，其 PLCC、SROCC 与 RMSE 的值分别只有 0.5820、0.5682 和 0.4922，甚至低于 MOVIE。主要原因在于为传统图像失真设计的特征并不能胜任虚拟视点视频复合失真，尤其是对其中的几何失真的表示。SACONVA 虽然引入了三维剪切波变换的频域统计特征，但由于其特征聚合是在传统视频数据集上训练的，学习到的自然场景统计先验与虚拟视点视频的自然场景统计先验差距较大。

（2）将虚拟视点图像质量度量指标做时域聚合的效果要好于图像质量度量指标的时域聚合，甚至部分指标的性能要好于 VQM 与 MOVIE。其中，表现最好的方法是 BlindSIQA，其 PLCC、SROCC 与 RMSE 的值分别为 0.7328、0.7222 和 0.4426。其次是 APT，其 PLCC、SROCC 与 RMSE 的值分别为 0.7323、0.7157 和 0.4546。这一方面说明为虚拟视点图像几何失真设计的图像特征对虚拟视点视频质量度量也是有增益的；另一方面，上述方法仍逊于本节方法，说明简单地将图像特征扩展到时域尚不足以充分表示虚拟视点视频中的失真。特别地，BlindSIQA 在虚拟视点图像数据集上取得了较好的效果，然而在扩展到时域后却不如本节方法，可能的原因在于该方法并没有考虑虚拟视点视频中的离散余弦变换量化失真。

（3）在所有指标中，在 VRTS 虚拟视点视频数据集上训练的 SACONVA 取得了仅次于本节方法的性能。主要原因是因为三维剪切波变换的频域统计特征适用于表示虚拟视点视频中的时空域几何失真。然而 SACONVA 缺少表征时空域量化失真的特征，因此各项指标最终还是逊于本节方法。

为进一步说明本节方法的泛化能力，实验在 VRTS 虚拟视点视频数据集上训练好模型后，又在 IRCCyN/IVC 虚拟视点视频数据集上进行了测试。为方便起见，实验只比较了无参考的虚拟视点图像质量度量方法，以及同样在 VRTS 虚拟视点视频数据集上训练的 SACONVA。实验结果如表 3-22 所示。

表 3-22　本节方法与其他对比方法在 IRCCyN/IVC 虚拟视点视频数据集上的表现

指标	PLCC	SROCC	RMSE
APT	0.7307	0.7157	0.4546
NIQSV+	0.7114	0.6668	0.4679
BlindSIQA	0.7379	0.7360	0.4270
SACONVA	0.7420	0.7271	0.4223
本节方法	0.7960	0.7822	0.3966

如表 3-22 所示，本节方法在 IRCCyN/IVC 虚拟视点视频数据集上获得的 PLCC、SROCC 与 RMSE 的值分别为 0.7960、0.7822 与 0.3966。与表 3-21 所示相比，所有指标在 IRCCyN/IVC 虚拟视点视频数据集上的性能均有提升。主要原因是 VRTS 虚拟视点视频数据集选用的场景多样性、样本容量以及覆盖的失真类型均优于 IRCCyN/IVC 虚拟视点视频数据集。

最后，实验在传统视频质量度量数据集 LIVE-V 上做了交叉数据集验证。如前所述，LIVE-V 数据集是为传统视频失真设计的，只包含视频编码与传输引入的失真。对于 SACONVA 和本节方法，均使用在 VRTS 虚拟视点视频数据集上训练的模型。与其他视频质量度量指标（包括 VQM 和 MOVIE）比较，最终实验结果如表 3-23 所示。

表 3-23　本节方法与其他对比方法在 LIVE-V 数据集上的表现

指标	PLCC	SROCC
VQM	0.7026	0.7236
MOVIE	0.7890	0.8116
SACONVA	0.8714	0.8569
本节方法	0.8920	0.8692

如表 3-23 所示，本节方法在 LIVE-V 数据集仍取得了最好的效果。主要原因在于所使用的基于深度预训练的空域和时域特征能够较好地表征传统视频中的失真。

5. 自对比实验

下面通过设计若干组自对比实验包括多模态特征的紧致性、三维剪切波变换的频域特征的表示方式、深度预训练空域特征的处理方式，以及深度预训练时域特征的处理方式来进一步说明本节方法的有效性与合理性。

（1）多模态特征的紧致性

为了说明所选用的特征是紧致的，实验保持图像质量度量网络不变，但是改变虚拟视点视频的特征表示方式。具体来说，实验分别测试只使用某一种特征，或者使用某两种特征的组合，对虚拟视点视频质量度量性能的影响。实验仍在 VRTS 虚拟视点视频数据集上训练模型，保持注意力层以及后续全连接层结构不变。实验结果如表 3-24 所示。

表 3-24　不同的特征组合方式在 VRTS 虚拟视点视频数据集上的表现

特征组合	PLCC	性能变化
本节方法	0.7960	—
$M_{shear} + M_{spatio}$	0.7810	−1.88
$M_{shear} + M_{tempo}$	0.7720	−3.02
M_{shear}	0.7531	−5.39
$M_{spatio} + M_{tempo}$	0.6280	−21.10
M_{spatio}	0.5812	−27.00
M_{tempo}	0.3114	−60.90

在表 3-24 中，M_{shear}、M_{spatio} 和 M_{tempo} 分别表示三维剪切波变换的频域统计特征、基于深度预训练模型的空域特征和时域特征。如表 3-24 所示，只使用一种或是任意两种特征的组合，其在 VRTS 虚拟视点视频数据集上的 PLCC 均逊于本节方法选用的 3 个多模态特征；只使用三维剪切波变换的频域特征在 3 种使用单一特征的方法中效果最好，原因是虚拟视点视频中时空域的几何失真占据了主导地位；三维剪切波变换的频域特征与基于深度预训练模型的空域特征的组合，同三维剪切波变换的频域特征与基于深度预训练模型的时域特征的组合表现相近，这

也从某种意义上说明虚拟视点视频中的量化失真在时空域是相对独立的。

（2）三维剪切波变换的频域特征的表示方式

本节方法所选用的三维剪切波变换的频域统计特征直接将整个视频块看作一个汇聚区域，选用 31 个子带系数，然后将所有视频块的 SBFDs 组成 $31 \times N$ 的特征矩阵。而 SACONVA 则是对每个视频块使用滑动窗口提取不同的汇聚区域，对每个区域选用子带系数，然后将所有汇聚区域的 SBFDs 组成特征向量，最后将所有视频块的 SBFDs 按汇聚区域在视频块中的位置再次取均值，输出 31×1 的特征向量。

为验证不同的三维剪切波变换的频域统计特征表示方式在 VRTS 虚拟视点视频数据集上的表现，实验保持其他特征以及网络结构不变，只改变输入的三维剪切波变换的频域统计特征。实验结果如表 3-25 所示。

表 3-25　不同的三维剪切波变换的频域统计特征表示方式在 VRTS
虚拟视点视频数据集上的表现

统计特征	PLCC	性能变化
SACONVA	0.753	—
本节方法	0.796	5.71

如表 3-25 所示，本节方法选用的三维剪切波变换的频域统计特征效果更好，主要原因是虚拟视点视频中的几何失真具有非一致性的特点，在不同的视频块中，三维剪切波变换后的子带系数差异较大，简单地使用平均值容易丢失这些局部信息。

（3）基于深度预训练模型的空域特征的处理方式

在讨论使用预训练的 VGG-19 模型来提取虚拟视点视频帧的空域特征时，可采取早期 RGB 通道融合与本节方法采用的各通道独立提取特征后再进行平均聚合（后期融合）两种策略。为验证本节方法的有效性，保持网络结构不变，在使用 VGG-19 模型提取视频帧的空域特征时，分别测试两种策略。实验结果如表 3-26 所示。

表 3-26　不同的通道融合策略在 VRTS 虚拟视点视频数据集上的表示

通道融合策略	PLCC	性能变化
早期融合	0.774	—
后期融合	0.796	2.84

如表 3-26 所示，本节方法使用的分通道提取特征后再进行平均聚合，在 VRTS 虚拟视点视频数据集上表现优于早期 RGB 通道融合策略。原因可能是在输入端进行 RGB 通道融合时会导致部分几何失真信息的丢失。

（4）基于深度预训练模型的时域特征的处理方式

最后，我们分析在使用预训练的自编码器提取虚拟视点视频时域特征时，不同的视频片段采样方法对质量度量性能的影响。本节方法使用的采样率为 1 帧，即使用连续 3 帧构成一个视频片段并提取时域特征。实验保持网络结构不变，分别测试使用 2 帧的采样间隔构造的视频片段 $\left\{I^{t-2}, I^t, I^{t+2}\right\}$ 和 5 帧的采样间隔构造的视频片段 $\left\{I^{t-5}, I^t, I^{t+5}\right\}$，然后提取时域特征的效果。实验结果如表 3-27 所示。

表 3-27　不同的视频片段采样方法在 VRTS 虚拟视点视频数据集上的表现

采样间隔	PLCC	性能变化
1 帧	0.796	—
2 帧	0.783	−1.7
5 帧	0.745	−6.4

如表 3-27 所示，随着视频片段间隔的增加，质量度量模型的预测性能明显下降。当采样间隔达到 5 帧时，PLCC 甚至接近表 3-26 所示完全不使用时域特征的情形。这一结果可以用视觉暂留效应解释。考虑虚拟视点视频中的时域失真在较短的时间间隔内可以被观察者察觉，随着时间间隔的增加，人的视觉暂留效应会掩蔽一部分失真。因此，若使用时间间隔较长的视频片段，将无法反映出这种短时间内的视觉质量变化。

┃参考文献┃

[1]　MAAS A L, HANNUN A Y, NG A Y. Rectifier nonlinearities improve neural network acoustic models[C]// The 30th International Conference on Machine Learning. New York: ACM, 2013.

[2]　NAIR V, HINTON G E. Rectified linear units improve restricted boltzmann machines[C]// The 27th International Conference on Machine Learning. New York: ACM, 2010: 807-814.

[3]　MAHENDRAN A, VEDALDI A. Visualizing deep convolutional neural networks using natural pre-images[J]. International Journal of Computer Vision, 2016, 120(3): 233-255.

[4]　HUYNH-THU Q, GHANBARI M. Scope of validity of PSNR in image/video quality assessment[J]. Electronics Letters, 2008, 44(13): 800-801.

[5]　MITTAL A, MOORTHY A K, BOVIK A C. No-reference image quality assessment in the spatial domain[J]. IEEE Transactions on Image Processing, 2012, 21(12): 4695-4708.

[6] KANG L, YE P, LI Y, et al. Convolutional neural networks for no-reference image quality assessment[C]//Proceedings of the IEEE Conference on Computer Vision and Pattern Recognition. Piscataway, USA: IEEE, 2014: 1733-1740.

[7] KIM J, LEE S. Fully deep blind image quality predictor[J]. IEEE Journal of Selected Topics in Signal Processing, 2016, 11(1): 206-220.

[8] LIN K Y, WANG G. Hallucinated-IQA: no-reference image quality assessment via adversarial learning[C]//2018 IEEE Conference on Computer Vision and Pattern Recognition. Piscataway, USA: IEEE, 2018: 732-741.

[9] HENG W, JIANG T. From image quality to patch quality: an image-patch model for no-reference image quality assessment[C]//2017 IEEE International Conference on Acoustics, Speech and Signal Processing. Piscataway, USA: IEEE, 2017: 1238-1242.

[10] XU J, YE P, LI Q, et al. Blind image quality assessment based on high order statistics aggregation[J]. IEEE Transactions on Image Processing, 2016, 25(9): 4444-4457.

[11] LIU X, VAN DE WEIJER J, BAGDANOV A D. Rankiqa: learning from rankings for no-reference image quality assessment[C]//2017 IEEE International Conference on Computer Vision. Piscataway, USA: IEEE, 2017: 1040-1049.

[12] CRIMINISI A, PÉREZ P, TOYAMA K. Region filling and object removal by exemplar-based image inpainting[J]. IEEE Transactions on Image Processing, 2004, 13(9): 1200-1212.

[13] MULLER K, SMOLIC A, DIX K, et al. Reliability-based generation and view synthesis in layered depth video[C]//2008 IEEE 10th Workshop on Multimedia Signal Processing. Piscataway, USA: IEEE, 2008: 34-39.

[14] EKMEKCIOGLU E, VELISAVLJEVIĆ V, WORRALL S T. Content adaptive enhancement of multi-view depth maps for free viewpoint video[J]. IEEE Journal of Selected Topics in Signal Processing, 2010, 5(2): 352-361.

[15] ZHOU Y, LI L, GU K, et al. Quality assessment of 3D synthesized images via disoccluded region discovery[C]//2016 IEEE International Conference on Image Processing. Piscataway, USA: IEEE, 2016: 1012-1016.

[16] TIAN S, ZHANG L, MORIN L, et al. NIQSV+: a no-reference synthesized view quality assessment metric[J]. IEEE Transactions on Image Processing, 2017, 27(4): 1652-1664.

[17] GU K, JAKHETIYA V, QIAO J F, et al. Model-based referenceless quality metric of 3D synthesized images using local image description[J]. IEEE Transactions on Image Processing, 2017, 27(1): 394-405.

[18] BOSSE S, MANIRY D, WIEGAND T, et al. A deep neural network for image quality assessment[C]//2016 IEEE International Conference on Image Processing. Piscataway, USA: IEEE, 2016: 3773-3777.

[19] YANG X K, LING W S, LU Z K, et al. Just noticeable distortion model and its applications in video coding[J]. Signal Processing: Image Communication, 2005, 20(7): 662-680.

[20] DESIMONE R, DUNCAN J. Neural mechanisms of selective visual attention[J]. Annual Review of Neuroscience, 1995, 18(1): 193-222.

[21] SINNO Z, BOVIK A C. Large-scale study of perceptual video quality[J]. IEEE Transactions on Image Processing, 2018, 28(2): 612-627.

[22] TIAN S, ZHANG L, MORIN L, et al. A benchmark of DIBR synthesized view quality assessment metrics on a new database for immersive media applications[J]. IEEE Transactions on Multimedia, 2018, 21(5): 1235-1247.

[23] SCHARSTEIN D, SZELISKI R. A taxonomy and evaluation of dense two-frame stereo correspondence algorithms[J]. International Journal of Computer Vision, 2002, 47(1): 7-42.

[24] YU H, WINKLER S. Image complexity and spatial information[C]//2013 Fifth International Workshop on Quality of Multimedia Experience. Piscataway, USA: IEEE, 2013: 12-17.

[25] SESHADRINATHAN K, BOVIK A C. Motion tuned spatio-temporal quality assessment of natural videos[J]. IEEE Transactions on Image Processing, 2009, 19(2): 335-350.

[26] LAPTEV I. On space-time interest points[J]. International Journal of Computer Vision, 2005, 64(2): 107-123.

[27] GILBERT A, ILLINGWORTH J, BOWDEN R. Fast realistic multi-action recognition using mined dense spatio-temporal features[C]//2009 IEEE 12th International Conference on Computer Vision. Piscataway, USA: IEEE, 2009: 925-931.

[28] KLASER A, MARSZAŁEK M, SCHMID C. A spatio-temporal descriptor based on 3d-gradients[C]//BMVC 2008-19th British Machine Vision Conference. British Machine Vision Association, 2008(275): 1-10.

[29] WANG H, SCHMID C. Action recognition with improved trajectories[C]//2013 IEEE International Conference on Computer Vision. Piscataway, USA: IEEE, 2013: 3551-3558.

[30] TRAN D, BOURDEV L, FERGUS R, et al. Learning spatiotemporal features with 3D convolutional networks[C]//2015 IEEE International Conference on Computer Vision. Piscataway, USA: IEEE, 2015: 4489-4497.

[31] VAROL G, LAPTEV I, SCHMID C. Long-term temporal convolutions for action recognition[J]. IEEE Transactions on Pattern Analysis and Machine Intelligence, 2017, 40(6):

1510-1517.

[32] SIMONYAN K, ZISSERMAN A. Two-stream convolutional networks for action recognition in videos[J]. Advances in Neural Information Processing Systems, 2014. arXiv: 1406.2199.

[33] GIRDHAR R, RAMANAN D, GUPTA A, et al. Actionvlad: Learning spatio-temporal aggregation for action classification[C]//2017 IEEE Conference on Computer Vision and Pattern Recognition. Piscataway, USA: IEEE, 2017: 971-980.

[34] LI Y, PO L M, CHEUNG C H, et al. No-reference video quality assessment with 3D shearlet transform and convolutional neural networks[J]. IEEE Transactions on Circuits and Systems for Video Technology, 2015, 26(6): 1044-1057.

第 4 章
虚拟视点图像质量度量的应用

在 DIBR 系统中，虚拟视点图像质量度量除用于评价最终呈现给用户的视觉感知质量，更重要的是还能够用来反馈控制和优化上游环节（如参考视点深度图像传输、虚拟视点合成等），提高系统服务质量，为用户提供更好的体验。本章将围绕 DIBR 系统的各个环节，分别介绍虚拟视点图像质量度量在参考视点深度图像传输、虚拟视点合成这两个环节的应用。首先，在参考视点深度图像的传输过程中，根据客户端虚拟视点图像质量度量的监测数据，动态调整参考视点预测及参考视点深度图像的编码策略；然后，在客户端缺少虚拟视点真实视频信息的条件下，利用图像质量度量指标作为约束条件，实现无监督的虚拟视点合成。

| 4.1　基于虚拟视点图像质量度量的参考视点
深度图像传输方法 |

DIBR 技术仅需少量参考视点深度图像便可合成任意虚拟视点图像，应用于远程绘制时可以极大地减少客户端的绘制负担，同时支持用户的灵活交互。然而，DIBR 技术在远程绘制方面会显著地增加参考视点深度图像的传输开销，给服务器端的绘制能力以及网络带宽带来挑战。因此，参考视点深度图像的传输频率成为 DIBR 系统远程绘制性能提高的瓶颈。为解决这一问题，本节从分析虚拟视点图像质量与参考视点深度图像传输频率的关系出发，提出一种基于虚拟视点图像质量度量的参考视点深度图像传输方法。首先，设计一种适用于客户端的轻量级虚拟视点图像质量度量方法，并使用设计的图像质量度量指标优化 DIBR 技术在远程绘制中的参考视点预测；然后，提出一种自适应的参考视点深度图像传输控制机制，根据客户端的绘制质量以及可用带宽动态地调整参考视点深度图像的传输频率。

4.1.1 概述

随着移动终端和无线传输技术的发展，DIBR 技术除应用于 3DTV、自由视点视频等多媒体，还可用来支持移动终端的三维场景远程绘制，尤其可以用于提升中低档移动终端的交互式三维图形应用（如三维导航、三维模型展示、体数据可视化以及虚拟场景漫游等）。

与传统的远程绘制方法直接向移动终端传输几何数据不同，DIBR 系统可间歇性地向客户端传输参考视点深度图像（由同一视点下的彩色图和对应的深度图组成）。客户端将用户交互解析为对当前场景的视点操作，根据接收的参考视点深度图像，使用虚拟视点合成技术生成用户当前视点下的图像，避免了几何数据的传输。该方法有效地减小了客户端的绘制与存储开销，同时支持灵活、低延迟的用户交互。

典型的 DIBR 系统由参考视点深度图像压缩与解压、参考视点深度图像传输以及虚拟视点合成 3 部分组成。其中，参考视点深度图像压缩与解压的主要工作是提供高效的编/解码方法，以减少参考视点深度图像中的冗余信息。虚拟视点合成则根据接收的参考视点深度图像来生成用户当前视点的虚拟视点图像，值得注意的是，要减少虚拟视点图像中的失真。与上述两部分不同，参考视点深度图像传输分别连接服务器端与客户端。一方面，它需要向服务器端提供参考视点，以供服务器端生成对应的参考视点深度图像；另一方面，它还要决定以何种方式向客户端传输。进一步地，参考视点深度图像压缩与解压，以及虚拟视点合成仅考虑在确定参考视点深度图像的前提下，如何优化传输开销或视觉质量；参考视点深度图像传输则需要根据外部约束条件，考虑传输哪一帧参考视点深度图像，以及何时传输。

关于参考视点深度图像传输的研究工作大致可分为两类。第一类是基于时间间隔的参考视点深度图像传输。该类方法通常设置一个固定的时间间隔，一到传输时刻就向客户端更新参考视点深度图像。在这一过程中，基于用户视点的运动来预测参考视点，以尽可能地使预测的参考视点与下一时刻的用户观察视点接近，从而保证虚拟视点图像的视觉质量。考虑用户交互具有不确定性，预测的参考视点与用户下一时刻的用户观察视点之间往往存在很大的偏差，从而导致虚拟视点图像出现严重的几何失真。为提升虚拟视点图像质量，只能通过减小参考视点预测时间间隔的方式，更加频繁地向客户端更新参考视点深度图像，这又会给服务器端带来严重的绘制负载，增加网络传输开销。Mark 等[1]根据当时服务器的绘制能力与网络带宽，提出以 200 ms 的固定时间间隔预测参考视点并传输新的参考视点深度图像；Bao 和

Gourlay[2]继承了这思想，但是不传输完整的参考视点深度图像，而是传输与上一时刻参考视点深度图像的差值图像，试图减少网络传输开销。但是这种措施会给服务器带来额外的计算开销，而且当前后两个时刻的参考视点变化较大时，直接传输新的参考视点深度图像与传输差值图像的压缩比相差无几。第二类是基于内容的参考视点深度图像传输。该类方法的核心思想是尽可能避免参考视点深度图像传输，只有当虚拟视点图像的质量变得不可接受时才更新参考视点深度图像。Shi 等[3]最早提出使用虚拟视点图像与对应参考图像的 MSE 来确定参考视点深度图像传输的时机。当 MSE 超过预测的阈值时，重新预测参考视点并更新参考视点深度图像。与基于时间间隔的方法相比，该类方法有效地减少了参考视点深度图像传输开销。

　　然而，已有基于内容的参考视点深度图像传输方法仍存在 3 点不足：首先，该类方法只有当客户端的虚拟视点图像质量低于预设的阈值时才会预测参考视点，考虑预测计算开销及后续的参考视点深度图像生成、压缩以及传输时间，参考视点深度图像的更新往往不够及时。Shi 等[3]在预测参考视点时将所有用户视点可能的移动方向均考虑进去，导致生成了多张参考视点深度图像，直接传输这些新的参考视点深度图像容易造成网络拥塞。其次，该类方法的核心在于虚拟视点图像质量，然而现有方法所使用的图像质量度量指标（如 MSE 等），已被证明并不能准确地反映出虚拟视点图像失真对人的主观感知的影响。根据 MSE 预测并传输参考视点深度图像，并不能确保客户端的虚拟视点图像视觉感知质量。最后，现有方法未考虑网络带宽或多终端并发接入对参考视点深度图像传输的影响，也无法根据可用网络带宽动态调整参考视点深度图像的传输，使系统缺乏可扩展性。

　　基于此，本节提出一种新的参考视点深度图像传输方法，在确保虚拟视点图像视觉感知质量的前提下，能够根据客户端的视觉感知质量及可用带宽动态地调节参考视点深度图像传输，尽可能地减少参考视点深度图像的传输频率。该方法具有以下 3 个创新点。

　　首先，针对参考视点深度图像传输任务，提出一种新的基于 JND 的虚拟视点图像质量度量方法。该方法能够较好地反映虚拟视点图像中的几何失真，计算效率较高，适用于远程绘制等实时性要求较高的应用场景。

　　其次，提出一种多尺度的参考视点集预测方法，使用所提出的虚拟视点图像质量度量指标优化参考视点之间的视距，可以减少冗余参考视点的出现。特别地，根据不同的可用带宽条件，预测了多尺度的参考视点集。

　　最后，提出一种自适应的参考视点深度图像传输机制，根据虚拟视点图像在客户端的绘制质量以及可用带宽动态地从参考视点集中选择合适的参考视点，同时调节参考视点深度图像的绘制分辨率。

4.1.2　基于 JND 的虚拟视点图像质量度量

如前所述，虚拟视点图像中的几何失真主要是从参考视点变换到虚拟视点时物体的遮挡关系变化引起的。因此，虚拟视点图像的视觉质量依赖于所选的参考视点，具体来说，依赖于参考视点到虚拟视点的视距。因此，本节首先提出一种基于 JND 的虚拟视点图像质量度量方法，然后使用该方法来构建三维场景的参考视点集。通过使用合理的虚拟视点图像质量度量方法，可以在最大限度减少虚拟视点图像几何失真的同时，优化参考视点与虚拟视点之间的视距。

给定一个参考视点 v_{ref}，对应的参考视点深度图像记为 $\langle I^{v_{\mathrm{ref}}}, D^{v_{\mathrm{ref}}} \rangle$。在 DIBR 系统中，彩色图是直接通过服务器端从源三维场景绘制得到的，深度图则是通过取绘制视点下的 Z 缓存得到的。若记当前用户观察视点为 v_{vir}，则虚拟视点合成过程可记为

$$\langle I^{v_{\mathrm{vir}}}, D^{v_{\mathrm{vir}}} \rangle = \mathrm{warping}\Big(\langle I^{v_{\mathrm{ref}}}, D^{v_{\mathrm{ref}}} \rangle, v_{\mathrm{ref}} \to v_{\mathrm{vir}} \Big) \tag{4-1}$$

式中，$I^{v_{\mathrm{vir}}}$ 是虚拟视点图像，直接被用户感知，对应的深度图 $D^{v_{\mathrm{vir}}}$ 则不可见；warping 即三维图形变换。虚拟视点合成的具体细节参见第 1 章。

第 2 章已经介绍了几何失真对用户的感知质量受失真区域周围邻域的影响。以图 4-1 所示为例，图中方框标识出了若干典型的几何失真。可以看到，位于明亮区域的空洞（框 1 所示）相比位于昏暗区域的空洞（框 2 所示）更容易察觉；邻域是简单纹理结构的区域（框 3 所示）相比邻域具有复杂纹理结构（框 4 所示）的空洞更容易被人察觉。MSE 等指标仅能反映失真图像与原始无损伤图像的像素累积误差，却不能很好地反映几何失真的这一观察特性。

（a）原始无损伤图像　　　　　　　（b）合成的虚拟视点图像

图 4-1　原始无损伤图像及虚拟视点图像

考虑 DIBR 系统的远程控制对实时性的要求，本节方法引入 JND 特性来表征几何失真对用户感知的影响。JND 特性通过分析人的心理和生理因素来表征人对可视信号差异的敏感程度，以量化局部像素误差在不同的邻域环境下的视觉失真感知。其中，较常用的 JND 特性包括图像亮度自适应（luminance adaptation，LA）和局部纹理掩蔽效应（texture contrast masking）。图像亮度自适应是指人眼视觉系统对亮度对比度变化剧烈的区域更为敏感；局部纹理掩蔽效应则是指人眼视觉系统对局部纹理细节较丰富的区域不敏感。上述特性很好地解释了虚拟视点图像中的几何失真对人眼视觉感知的作用。对失真图像来说，JND 通过计算图像亮度对比度以及纹理掩蔽效应，为每一个像素设置一个 JND 水平，位于 JND 水平之内的误差，理论上并不会被观察者察觉。按照 Yang 等[4]给出的经验模型，每个像素的 JND 为

$$\mathrm{JND}(x,y) = \mathrm{LA}(x,y) + \mathrm{CM}(x,y) - \lambda \times \min\left[\mathrm{LA}(x,y), \mathrm{CM}(x,y)\right] \tag{4-2}$$

式中，LA 和 CM 分别表示图像亮度自适应和局部纹理掩蔽效应；(x,y) 表示像素位置；λ 描述图像亮度自适应和局部纹理掩蔽效应的竞争效应。较大的 λ 表示二者之间有显著的冲突。根据实际使用经验，λ 可设置为 0.3。图像亮度自适应可表示为

$$\mathrm{LA}(x,y) = \begin{cases} 17 \times \left(1 - \sqrt{\dfrac{\overline{I}(x,y)}{127} + 3}\right), & \overline{I}(x,y) \leqslant 127, \\[3mm] \dfrac{3}{128} \times \left(\overline{I}(x,y) - 127\right) + 3, & \text{其他} \end{cases} \tag{4-3}$$

式中，$\overline{I}(x,y)$ 表示以当前像素位置 (x,y) 为中心的 5 像素×5 像素邻域的平均亮度值。

局部纹理掩蔽效应可表示为

$$\mathrm{CM}(x,y) = W(x,y)G(x,y) \tag{4-4}$$

式中，$G(x,y)$ 表示以 (x,y) 为中心的 5 像素×5 像素邻域的平均梯度：

$$G(x,y) = \max_{k=1,2,3,4}\left\{\mathrm{grad}_k(x,y)\right\} \tag{4-5}$$

而

$$\mathrm{grad}_k(x,y) = \frac{1}{16}\sum_{i=-2}^{2}\sum_{j=-2}^{2} I(x+i, y+j) g_k(i,j) \tag{4-6}$$

表示 4 个方向（以图像水平向右为正方向，$k = 1,2,3,4$ 分别对应笛卡儿坐标系中的 $\pm 0°, \pm 45°, \pm 90°$ 与 $\pm 135°$）的梯度，通过高通滤波器 g 计算得到。为表征虚拟视点图像几何失真的局部性，本节方法特别引入局部区域权重项 $W(x,y)$。对图像中每个像素，根据它所处位置的邻域对纹理掩蔽效应给予不同的权重：

$$W(x,y) = \begin{cases} 0.1, & (x,y) \in \Omega_{\text{dis}}, \\ 0.3, & (x,y) \in \Omega_{\text{con}}, \\ 1.0, & \text{其他} \end{cases} \quad （4\text{-}7）$$

式中，Ω_{dis} 表示位于曝光区域（disoccluded region）边缘的像素，也就是第 2 章所说的遮挡关系变化的物体边缘；Ω_{con} 表示位于其他边缘附近的像素。由式（4-4）可知，权重项 $W(x,y)$ 值越小，计算得到的局部纹理掩蔽效应越低，相应的 JND 水平也就越低，这就意味着对应像素的失真更容易被察觉。相比其他区域，位于边缘附近的像素误差更容易为人察觉，因此，本节方法给边缘附近的像素施加较大的惩罚。其中，曝光区域往往含有几何失真，因此给予最严厉的惩罚。这也符合第 2 章中关于几何失真局部表现与人的主观感知的判断。

为了准确地区分虚拟视点图像中的曝光区域边缘和其他普通边缘，可先对虚拟视点合成过程中生成的虚拟视点深度图 $D^{v_{\text{vir}}}$ 使用 Canny 算子提取深度不连续边，然后对它的边缘与虚拟视点图像的边缘进行合取操作。因为深度图中的不连续边对应的正是物体边缘，所以合取结果正好保留了曝光区域的边缘，并且滤除了大部分其他边缘。

基于上述两项 JND 特性，本节设计一个全参考的虚拟视点图像质量度量指标。该指标需要虚拟视点下的原始无损伤图像。对虚拟视点图像，首先计算逐像素的 JND 水平；接着，比较原始无损伤图像和虚拟视点图像的差异，判断虚拟视点图像中逐像素的误差是否落在 JND 水平之外。从直觉上来说，如果一个像素的误差落在 JND 水平之内，可以认为这个误差是不可察觉的；反之，则认为该位置的误差是可以察觉的。下面使用标示函数 f 来表示 JND 水平的判定结果：

$$f(x,y) = \begin{cases} 1, & |I'(x,y) - I(x,y)| \leqslant \text{JND}(x,y) \\ 0, & \text{其他} \end{cases} \quad （4\text{-}8）$$

式中，I' 表示虚拟视点图像；I 表示虚拟视点下的原始无损伤图像；(x,y) 是像素坐标。

由式（4-8）可知，若虚拟视点图像与对应原始无损伤图像的像素误差小于 JND 水平，标示函数计数加 1。最后，我们计算落在 JND 水平之内的像素数占所有虚拟视点图像像素总数的百分比。百分比越大，表明落在 JND 水平以内的像素数越多，也就意味着不可察觉的误差越多，对应的虚拟视点图像质量越好。因此，虚拟视点图像 $I^{v_{\text{vir}}}$ 的质量度量指标可表示为

$$Q_{\text{pred}}\left(I^{v_{\text{vir}}}\right)=\frac{1}{m\times n}\sum_{x=1}^{m}\sum_{y=1}^{n}f\left(x,y\right) \tag{4-9}$$

式中，Q_{pred} 表示预测的虚拟视点图像质量评分；m 和 n 分别表示虚拟视点图像的长和宽。

上述计算是逐像素运算，只涉及局部卷积操作，因此可使用 GPU 加速，以满足实时性要求。实际应用时可将虚拟视点图像以及原始无损伤图像通过纹理映射技术（render to texture，RTT）一并送到 OpenGL 图形管线，利用 OpenGL 的着色器（shader）并行计算出虚拟视点图像的质量评分。

考虑原始无损伤图像通过编码传输以后变得不可靠，以及移动终端的有限绘制能力，在实际应用中，一般不会将虚拟视点对应的原始无损伤图像传输到客户端。因此，可进一步将上述全参考指标改为无参考的形式。

假设参考视点与用户观察视点的视距很小时，参考视点图像与用户观察视点对应的原始无损伤图像相似，此时可以使用参考视点图像替代原始无损伤图像。本节方法使用参考视点图像替代虚拟视点下的原始无损伤图像，按照同样的方式计算逐像素的 JND 水平并最终得到预测的虚拟视点图像质量评分。与所提出的全参考方法相比，预测的准确度在参考视点与用户观察视点视距较小的时候略有下降，但视距较大的时候效果明显退化。因此，无参考指标只在自适应传输控制过程中使用，而在参考视点预测与参考视点集构建时，我们依然使用全参考指标。这样做的目的是牺牲一部分准确性来换取运行效率。特别地，无参考指标能够利用客户端的低性能 GPU，在 OpenGL ES 的支持下实现并行化。

4.1.3　基于视觉感知的参考视点深度图像传输

在给出基于 JND 的虚拟视点图像质量度量的基础上，本节提出一种可扩展的参考视点深度图像的传输策略。首先给出所提出的远程绘制框架，然后重点介绍基于虚拟视点图像质量度量的参考视点深度图像传输策略，包括用户感知的多尺度参考视点集构建，以及自适应的参考视点深度图像传输控制机制。

如图 4-2 所示，远程绘制框架同时部署在服务器端和客户端。其中，服务器端的主要任务是参考视点预测。与已有方法实时地根据 MSE 来预测参考视点不同，本节使用基于 JND 的虚拟视点图像质量度量指标预先构建出多尺度的参考视点集，以应对不同的网络带宽。自适应的参考视点深度图像传输控制机制由一组传输适配器（transfer adaptor，TA）与扩展控制器（scalable controller，SC）组成。其中，服务器端与传输适配器连接，通过实时接收客户端的反馈信息，包括视点信息、客户端的虚拟视点图像质量以及可用带宽，从参考视点集中选取最优的参考视点，然后通知引擎绘制相应的参考视点深度图像。传输适配器同时根据用户交互信息决定参考视点深度图像的传输时刻。除此之外，服务器端还负责参考视点深度图像的压缩、编码。

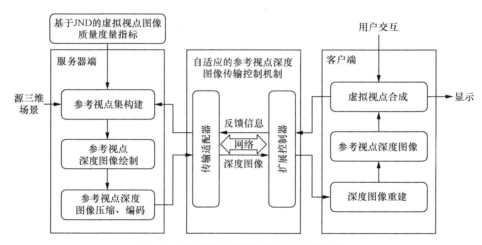

图 4-2　可扩展的参考视点深度图像传输框架

客户端的首要任务是用户交互解析，将用户交互转换为三维场景中的观察视点的运动，然后通过扩展控制器将视点信息同步到服务器端。扩展控制器的主要任务是实时监测客户端的虚拟视点图像质量度量结果以及当前可用带宽，据此向传输适配器发送反馈信息。传输适配器与扩展控制器通过动态协商选取最合适的参考视点，以及最合适的参考视点深度图像绘制分辨率。此外，客户端还负责重建接收到的参考视点深度图像，以及虚拟视点合成。

1. 用户感知的多尺度参考视点集构建

对同一个三维场景，假设所有参考视点的相机参数相同，即具有相同的视场（field of view，FoV）。在此假设条件下，影响虚拟视点图像几何失真的主要因素就是从参考视点到虚拟视点的物体遮挡关系变化，也就是参考视点对三维场景的覆盖范围（coverage）与虚拟视点对三维场景的覆盖范围的差集。记视点的覆盖范围为 H，则上述假设可表示为

$$J \propto H^{v_{\text{ref}}} \setminus H^{v_{\text{vir}}} \qquad (4\text{-}10)$$

式中，J 表示虚拟视点图像的质量损伤；$\setminus$ 是差集运算；$H^{v_{\text{ref}}}$、$H^{v_{\text{vir}}}$ 分别表示参考视点和虚拟视点对三维场景的覆盖范围。

式（4-10）表明，虚拟视点图像的质量损伤正比于从参考视点到虚拟视点的视点覆盖范围的差集。一般地，参考视点与虚拟视点之间的视距越大，视点覆盖范围的差集越大。

图 4-3 所示为参考视点的覆盖范围对虚拟视点图像失真的影响。可以看到，对同一场景，遮挡关系是固定的。在此情况下，参考视点的覆盖范围只取决于两个相邻参考视点的视距。例如，在图 4-3 中，参考视点 v_1 与 v_2 的视距 d 较小，则它们的覆盖范围是重叠的。在这个覆盖范围内的所有虚拟视点 v_{vir}，其覆盖范围均满足 $H^{v_{\text{vir}}} \subset H^{v_1} \bigcup H^{v_2}$。因此，虚拟视点图像中任意暴露失真区域均可由 v_1 或 v_2 的已知信息填充，从理论上不会出现几何失真。然而，若两个参考视点的视距较大，如 d'，此时两个参考视点 v_1' 与 v_2' 的覆盖范围并不完全，在视平面上存在信息缺失区域（空隙）。当虚拟视点位于图像 u 处时，两个参考视点并不能提供充分的信息，从而导致空洞的出现。

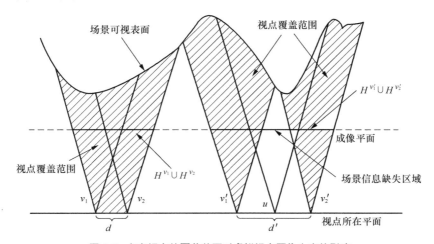

图 4-3　参考视点的覆盖范围对虚拟视点图像失真的影响

由此可以得出以下结论，即虚拟视点图像的质量与相邻两个参考视点的视距有关。然而，视点的覆盖范围与三维场景的遮挡关系有关，例如，遮挡关系变化

较大的区域，一个很小的视距变化便可能会引起较大的覆盖范围变化，反之亦然。因此，虚拟视点图像的质量损伤不能简单地用视距的大小来表示。或者说，虚拟视点图像质量度量并不是简单的参考视点与虚拟视点距离的线性函数。因此，早期参考视点深度图像的传输策略是通过固定时间间隔传输参考视点深度图像，其在客户端上的虚拟视点图像质量并不是一直不变的。

Shi 等[3]提出基于 MSE 的虚拟视点质量度量结果来预测两个参考视点的视距。具体来说，给定一个初始参考视点，首先移动参考视点到新视点上，然后计算新视点与初始参考视点的 MSE，当二者的 MSE 超过给定的阈值时，该视点即为新的参考视点。这种方法能够保证在两个参考视点之间的视距与二者的 MSE 均不超过给定的阈值。Shi 等的目的是最大化两个相邻参考视点的视距以减少参考视点深度图像传输次数。然而，选用 MSE 作为图像质量度量指标，对像素误差过于敏感，往往会过高估计图像失真对人的视觉感知的影响。换言之，利用 MSE 估计出的两个参考视点的视距并不是最优的，而且往往小于人眼视觉系统能够接受的程度。此外，Shi 等所提方法需要实时计算 MSE，且需要考虑当前视点的所有可能移动方向，计算量较大，不适合实时应用。

因此，本节提出用户感知的多尺度参考视点集构建方法。一方面，使用基于 JND 的虚拟视点图像质量度量指标来确定相邻参考视点的视距。本节方法能够较合理地表征虚拟视点图像中局部几何失真对用户感知的可察觉程度，所确定的参考视点视距相较而言更为合理且稀疏。另一方面，本节方法在离线阶段便构建了三维场景的参考视点集。该参考视点集与用户观察视点无关，在实际使用时，只需根据当前用户观察视点的质量选取最优参考视点即可，服务器端不需要任何额外的绘制或计算。参考视点集构建的全搜索算法如图 4-4 所示。

Input: $v_0, Q_{JND}, \Delta d, d_{max}, P$
Output: V
for $p \in P$ do
 $i=1$;
 if $Q_{objective} I^{v_{i \times \Delta d}} \geqslant Q_{JND}$ then
  Warping $I^{v_{i \times \Delta d}}$ with v_{ref};
  i++;
 end
 $v_{ref} = v_{i \times \Delta d}$ with $d = i \times \Delta d$;
 $V = V \cup \{v_{ref}\}$;
 $v_0 = v_{ref}$;
end

图 4-4　参考视点集构建的全搜索算法

该算法的输入是初始参考视点 v_0、预设的虚拟视点图像质量阈值 Q_{JND}、视

点移动步长 Δd、视点最大移动距离 $d_{\max}$ 以及所有可能的交互路径集 P。输出则是预测好的参考视点集 $V = \{v_0, v_1, \cdots, v_n\}$。下面结合图例详细解释参考视点集构建的算法。

如图 4-5 所示，图中黑色三角形表示用户观察视点，灰色三角形表示参考视点。将两个相邻视点 v_i 和 v_j 的视距记为 $|i-j| \times \Delta d$。其中，Δd 是视点移动的单位步长，对同一三维场景而言，只与用户交互方式有关。例如，当用户交互方式是平移时，Δd 表示单位欧几里得距离；当用户交互方式是旋转时，Δd 表示单位角度。$|i-j|$ 表示步数，用两个参考视点的下标表示。两个参考视点的最后视距可以表示为

$$d = \arg\max_d \left| Q_{\text{pred}}\left(I^{v_{\text{vir}}}\right) - Q_{\text{JND}} \right| : v_{\text{vir}} \in \left[v_i, v_j\right] \tag{4-11}$$

式中，$Q_{\text{pred}}\left(I^{v_{\text{vir}}}\right)$ 是虚拟视点图像质量度量结果；Q_{JND} 则是预设的虚拟视点图像质量阈值。这两个数均由所提出的基于 JND 的图像质量度量指标决定。较低的 Q_{JND} 意味着允许更多的像素误差落在 JND 水平之外，从而允许更宽松的参考视点视距。

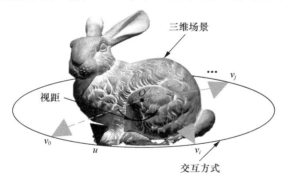

图 4-5　参考视点集示意

为求解最优视距，最朴素的方法就是穷举三维场景中所有可能的参考视点，度量每个参考视点到虚拟视点的虚拟视点图像的质量以确定最优参考视点。然而，这种做法太过耗时且代价高昂。相反地，本节方法只对用户所有可能的交互路径集 P 离散地选取视点，并设计一种全搜索算法来预测参考视点，最终确定一个有限集。首先，随机选择一个初始参考视点 v_0，从该视点所在位置出发，沿着每一条可能的用户交互路径 $p \in P$，以单位步长 Δd 增量地选取候选参考视点。对每个候选视点 $v_{i \times \Delta d}$，将初始参考视点下的参考视点深度图像变换到候选视点下，得到虚拟视点图像 $I^{v_{i \times \Delta d}}$，然后使用提出的虚拟视点图像质量度量方法预测其质量评分。如果预测的质量评分低于预设的质量阈值 Q_{JND}，那么选择该视点为新的参考视点，

所确定的相邻参考视点视距即为 $i \times \Delta d$ 。然后，以 $v_{i \times \Delta d}$ 为新的初始参考视点，重复上述过程，直到在所有路径上均到达场景的边缘，即 $\Delta d \leqslant d_{\max}$ 。最终得到的包含有限个视点的集合即为要求的参考视点集 V 。

为使构建的参考视点集能够适应不同的网络带宽条件，本节方法将参考视点集扩展为一个多尺度的集合。具体来说，首先设置不同的虚拟视点图像质量阈值 Q_{JND} ，在每个质量阈值下分别构建参考视点集，然后将所有参考视点合并。由前述可知，较低的质量阈值允许更多的虚拟视点图像像素误差，因而对应的参考视点视距较稀疏。当可用网络带宽不足时，通过降低预设的质量阈值，可以有效增加两个相邻参考视点的视距，进而减少参考视点深度图像的传输频率。使用预设的质量阈值而不是直接使用视距来控制参考视点预测的原因有二：其一，如前所述，虚拟视点图像的质量虽然与视距正相关，但并不满足线性关系；其二，使用质量度量阈值来预测参考视点，可以保证虚拟视点图像的质量始终稳定在预设水平之上。

本节方法所提出的参考视点集构建全搜索算法的时间复杂度为 $O\left(d_{\max} \times |P|\right)$ ，其中 $|P|$ 是所有可能的用户交互路径。随着可能的交互路径数量的增加，可支持的用户交互更为灵活，相应的时间复杂度也线性增加。另外可能增加计算复杂度的因素是场景的大小，其直接影响搜索的终止条件 $d_{\max}$ 。在这种情况下，可以考虑适当增大单位步长 Δd 来缓解。

2. 自适应的参考视点深度图像传输控制机制

在构建多尺度参考视点集的基础上，本节方法设计一个自适应的参考视点深度图像传输控制机制以满足实时远程绘制的需要。自适应的参考视点深度图像传输控制机制的核心思想是"用户中心的"，目的是维护每一个接入系统终端的虚拟视点图像质量，在此前提下尽可能地减少参考视点深度图像的传输开销。整个传输控制机制由传输适配器和扩展控制器组成。

（1）传输适配器

传输适配器的主要作用是根据用户交互信息，动态地从参考视点集中选取最优的参考视点，服务器端同时在合适的时候绘制与传输参考视点深度图像。其中，用户交互信息是由扩展控制器从客户端同步维护的。图 4-6 所示为在不同用户观察视点运动情形下，选取的参考视点以及参考视点深度图像传输时刻（用户观察视点越过图中黑色虚线时）。图中灰色三角形表示预测的参考视点，黑色三角形表示用户观察视点。

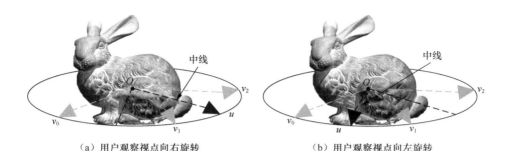

（a）用户观察视点向右旋转　　　　　　　（b）用户观察视点向左旋转

图 4-6　在不同用户观察视点运动情形下，选取的参考视点以及参考视点深度图像传输时刻

设 v_1 是当前时刻的参考视点，对应的参考视点深度图像已经传输到客户端并用于虚拟视点合成。由参考视点集的构建算法可知，用户观察视点在 v_1 的视距范围内移动时，虚拟视点图像的质量评分始终高于预设的质量阈值，因此不需要再传输新的参考视点深度图像。对图 4-6 来说，v_1 的视距按照可能的用户交互路径，包括 $[v_0, v_1]$ 与 $[v_1, v_2]$。若用户观察视点移动出当前参考视点的视距范围，则传输适配器便从参考视点集中选取一个新的参考视点。原则上选取的参考视点是沿着当前用户观察视点移动路径上，距离当前参考视点最近的一个。在实际应用中，考虑参考视点深度图像绘制与编码的时间开销，当用户观察视点越过当前参考视点视距的中线（图 4-6 中的黑色虚线）时，传输适配器便通知服务器端绘制新的参考视点深度图像。仍以图 4-6 所示为例，当用户观察视点 u 越过 $[v_1, v_2]$ 的中线且继续向右旋转，传输适配器会选取 v_2 作为新的参考视点；反之，若用户观察视点越过了 $[v_0, v_1]$ 的中线且继续向左旋转，传输适配器则选取 v_0 作为新的参考视点。考虑用户交互的不确定性，例如用户观察视点在短暂地越过中线后返回，本节方法特别引入下面的卡尔曼滤波方程来提升观察视点运动的准确性。

$$u(t+1) = u(t) + \vec{v}\big[u(t)\big] \tag{4-12}$$

式中，$u(t+1)$ 表示下一时刻预测的用户观察视点位置；$u(t)$ 是用户观察视点的历史位置；$\vec{v}\big[u(t)\big]$ 表示当前时刻用户观察视点的运动速度。传输适配器的自适应传输算法如图 4-7 所示。

该算法的输入是上述构建的参考视点集 V，当前时刻参考视点 v_{ref}，以及当前时刻的视点位置 $u(t)$ 与运动速度 $\vec{v}\big[u(t)\big]$。

与已有方法忽略网络可用带宽不同的是，

Input:　$V = \{\cdots,\, v_{i-1},\, v_i,\, v_{i+1}, \cdots\}$
Input:　$v_{\text{ref}} = v_i$
Input:　$u(t),\, \vec{v}[u(t)]$
$u(t+1) \rightarrow u(t) + \vec{v}[u(t)]$;
if $[u(t+1) - v_i] \geq [v_{i+1} - u(t+1)]$ then
　$|$　$v_{\text{ref}} = v_{i+1}$;
else
　$|$　$v_{\text{ref}} = v_{i-1}$;
end
绘制并压缩$<I^{v_{\text{ref}}}, D^{v_{\text{ref}}}>$;
传输$<I^{v_{\text{ref}}}, D^{v_{\text{ref}}}>$;

图 4-7　传输适配器的自适应传输算法

本节方法所涉及的传输机制是可扩展的。对传输适配器来说，根据拓展控制器反馈回来的可用带宽信息，自适应地选取不同尺度下的参考视点。例如，若拓展控制器反馈通知传输适配器当前可用带宽不足时，传输适配器将选择尺度较大的参考视点，以推迟新的参考视点深度图像传输时刻。假设在一段时间$[T_0, T]$内，用户观察视点沿着一条虚拟的路径匀速运动，不同尺度的参考视点对应的参考视点深度图像传输时刻如图 4-8 所示。灰色虚线和黑色虚线分别表示传输时刻。

如图 4-8 所示，黑色的参考视点是依照小尺度选取的，对应可用带宽较多的情形；灰色的参考视点则是依照大尺度选取的，对应可用带宽不足的情形。可以看出，在相同时间$[T_0, T]$内，黑色的传输时刻共 5 个，意味着共传输了 5 帧参考视点深度图像；而灰色的传输时刻只有 3 个，对应的参考视点深度图像传输次数减少了 40%。可以看出，参考视点深度图像的传输频率能够随着尺度变化自适应变化，而所构建的多尺度参考视点集能够确保虚拟视点图像的质量评分稳定在预设的质量阈值水平之上。

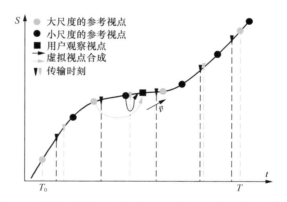

图 4-8　不同尺度的参考视点对应的参考视点深度图像传输时刻

（2）扩展控制器

扩展控制器的主要任务是监视客户端上的虚拟视点图像质量以及分配给该客户端的可用带宽，并将上述信息反馈给传输适配器，以供参考视点选择与参考视点深度图像传输决策。如前所述，虚拟视点图像对应的原始无损伤图像在客户端上是不可得的，并且在实时绘制系统中频繁地绘制与传输原始无损伤图像会严重影响绘制负载与传输开销，故本节方法使用无参考的基于 JND 的虚拟视点图像质量度量指标来粗略估计虚拟视点图像质量。这样做的合理性如下。① 参考视点集的构建本身确保了虚拟视点图像质量评分能够维持在预设的质量阈值水平之上，而客户端上虚拟视点图像质量估计的主要目的是提供给传输适配器辅助决策信息。参考视点深度图像的传输时机更多是由用户观察视点的位置确定的。② 实际应用时，参考视点与用户观察视点的距离很近，满足上述图像相似性假设。此外，客户端上的虚拟视点图像质量度量更多地考虑了客户端的显示分辨率对视觉质量的影响，通过质量预测评分，可额外提供给传输适配器参考视点深度图像绘制分辨率的决策信息。

如图 4-9 所示，同一参考视点下不同绘制分辨率的参考视点深度图像合成的虚拟视点图像的几何失真对视觉质量的影响并不是线性的。如图 4-9（b）～（d）所示，这些虚拟视点图像的失真程度是很难区分的，尤其是图 4-9（b）和图 4-9（d），其中的几何失真极为相似。

（a）原始无损伤图像（768 像素 ×1024 像素）　（b）虚拟视点图像（参考视点深度图像绘制分辨率 768 像素 ×1024 像素）　（c）虚拟视点图像（参考视点深度图像绘制分辨率 600 像素 ×800 像素）　（d）虚拟视点图像（参考视点深度图像绘制分辨率 540 像素 ×720 像素）

图 4-9　同一参考视点下不同绘制分辨率的参考视点深度图像合成的虚拟视点图像

因此，在确保虚拟视点图像质量的前提下，可以通过尽可能地减少参考视点深度图像的绘制分辨率的手段来进一步减少传输开销。已有方法（如参考视点深度图像压缩、深度视频编码等）大多是在生成的参考视点深度图像或视频的基础上减少冗余信息，而本节方法则直接在绘制阶段就改变了参考视点深度图像的分辨率，进一步减少了服务器端的绘制开销。后续可以继续使用参考视点深度图像压缩算法等进一步优化率失真。

扩展控制器通过动态协商算法与传输适配器协同控制参考视点深度图像的传输，其具体算法如图 4-10 所示。

```
初始化绘制分辨率res_display；
初始化最小尺度的参考视点集；
for Running do
    if BW ⩽ BW_available then
        if Q_objective I^V_vir ⩾ Q_allow then
            降低绘制分辨率；
        else
            增加绘制分辨率；
        end
    else
        增加参考视点集的尺度；
    end
end
```

图 4-10　动态协商算法

在图 4-10 中，BW 表示实际使用的带宽；$BW_{available}$ 表示最大可用带宽。动态协商算法总是由扩展控制器发起。当一个客户端新接入远程绘制系统时，扩展控制器首先通知传输适配器按照最大的显示分辨率 $res_{display}$，以及最小的尺度，选择参考视点并绘制对应的参考视点深度图像。在运行时，扩展控制器周期性地监测客户端上的虚拟视点图像质量。与参考视点集构建方法类似，预设质量阈值 Q_{allow}。当虚拟视点图像质量评分高于预设质量阈值时，扩展控制器建议传输适配器降低下一参考视点深度图像的绘制分辨率；反之亦然。

扩展控制器通过两种途径实现参考视点深度图像传输的可扩展性。首先，扩展控制器根据当前可用带宽通知传输适配器改变参考视点的尺度。例如，当前可用带宽充足时，扩展控制器选择小尺度的参考视点；当前可用带宽不足时，扩展控制器会选择大尺度的参考视点。其次，当可用带宽条件 $BW_{available}$ 持续恶化时，扩展控制器可以进一步调整动态协商算法的质量阈值 Q_{allow} 来降低参考视点深度图像的绘制分辨率。

此外，本节方法所提出的参考视点深度图像传输控制方法通过自适应传输算法和动态协商算法统一控制所有接入的客户端，以尽可能平均各客户端的可用带宽，支持更多客户端的并发访问。

4.1.4　实验结果与分析

下面首先介绍实验设置以及基准系统，然后通过实验验证所提出的基于 JND 的虚拟视点图像质量度量指标，以及自适应的参考视点深度图像传输控制机制在实时交互式远程绘制系统中的表现。

1. 实验设置

实验使用 3 个场景（City Paris、Fairy Forest 和 Car）来模拟不同的交互式远程绘制应用，如图 4-11 所示。表 4-1 所示为实验所选用的三维场景的几何复杂度。这 3 个场景分别代表了不同的应用场景，以验证所提出方法的鲁棒性。其中，City Paris 包含了复杂的目标结构（房屋、路灯等），遮挡关系较为复杂，虚拟视点图像极易出现空洞失真；Fairy Forest 中的颜色亮度变化和纹理结构比较复杂，而且深度值变化范围较小，虚拟视点图像容易出现裂缝和鬼影等失真；Car 的表面几何细节较多，对虚拟视点图像的显示分辨率较为敏感。

（a）City Paris　　　　　（b）Fairy Forest　　　　　（c）Car

图 4-11　实验所选用的三维场景

表 4-1　实验所选用的三维场景的几何复杂度

场景	顶点数/个	面片数/个	文件大小/MB
City Paris	1 974 189	658 063	178
Fairy Forest	97 124	174 114	54
Car	1 240 887	1 981 300	172

仿真实验是在 Dell OptiPlex 台式机上完成的，使用 Inter Core i5-3470 CPU 及一块 NVIDIA GeForce GTX 650 GPU。虚拟视点图像的默认绘制分辨率是 768 像素×1024 像素。测试时使用的用户方式，如无特殊说明均为三维导航，即用户观察视点在距离水平面一定距离的高度上，沿着前后左右 4 个方向移动。不失一般性，默认用户观察视点是匀速运动的。

2. 基于 JND 的虚拟视点图像质量度量的性能

实验首先测试提出的基于 JND 的虚拟视点图像质量度量的性能。与 Shi 等[3] 使用的基于像素误差的 MSE 相比，本节方法提出的指标更符合用户视觉感知。首先，图像的质量评分范围是 0~1，代表了落在 JND 水平之内的像素比率，与视觉感知质量水平相对应。而 MSE 的评分范围从 0 到+∞，很难与具体的视觉感知质量水平对应。其次，本节方法设计的指标与视觉感知质量水平是一一对应的，而 MSE 有可能对不同质量的图像给出相同的 MSE 值。最后，本节方法设计的指标能够较恰当地表示几何失真的局部性，而 MSE 只能反映图像整体像素误差，对局部失真并不敏感。

图 4-12 所示为本节方法的指标与 MSE 的区别。其中，图 4-12（a）所示为虚拟视点图像与原始无损伤图像的像素误差，越亮表示像素误差越大，对应了 MSE 值；图 4-12（b）所示为 JND 图，高亮像素表示该点像素超过了 JND 水平。可以看到，JND 图很好地反映虚拟视点图像的几何失真对用户感知的影响，如雕像的左边缘，而像素误差图则把笔筒的纹理、笔的边缘等人眼难以察觉的像素误差也包含进去了。

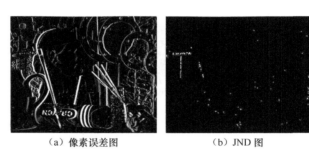

（a）像素误差图　　　　　　　（b）JND 图

图 4-12　MSE 对应的像素误差图和本节方法对应的 JND 图的区别

实验在 IRCCyN/IVC 虚拟视点图像数据集上测试本节方法提出的指标的性能。为使主观评分与预测得分一致，实验使用 DMOS 值，并将其变换到[0,1]。与第 2 章相同，实验使用 PLCC、SROCC 和 RMSE 来测试所提出的指标在数据集上的表现，实验结果如表 4-2 所示。

表 4-2　本节方法与其他对比方法在 IRCCyN/IVC 虚拟视点图像数据集上的性能

度量指标	类型	PLCC	SROCC	RMSE
MSE	全参考，二维图像	0.4279	0.4610	0.6018
SSIM	全参考，二维图像	0.3703	0.3069	0.6185
3DswIM	全参考，虚拟视点图像	0.6623	0.6158	0.4988
BlindIQA	无参考，虚拟视点图像	0.7461	0.7960	0.3940
本节方法	全参考，虚拟视点图像	0.5730	0.5654	0.4351
本节方法	无参考，虚拟视点图像	0.5140	0.5228	0.4790

实验比较了传统的全参考图像质量度量指标 MSE、SSIM，虚拟视点图像质量度量指标 3DswIM，以及无参考图像质量度量指标 BlindIQA。其他虚拟视点图像质量度量指标耗时均过长，不在比较之列。例如，MW-PSNR 与 MP-PSNR 均使用

了小波变换；SDRD 与 NIQSV+ 使用了图像形态学操作，不适用于实时性要求较高的应用场景。

如表 4-2 所示，基于 JND 的全参考图像质量度量指标在 IRCCyN/IVC 虚拟视点图像数据集上的性能与 3DswIM 接近，超过 MSE。与 3.1 节、3.2 节方法相比，本节方法不依赖于大规模的训练数据集，且省去了视觉权重图、显著性图等计算。

为进一步说明所提出的指标的有效性，实验从 IRCCyN/IVC 虚拟视点图像数据集上随机选取 10 张图像，分别使用上述方法预测质量并记录平均预测时间。本节方法与其他对比方法的时间效率实验结果如表 4-3 所示。为公平起见，所有方法均使用 MATLAB 软件在 CPU/GPU 上实现。

表 4-3　本节方法与其他对比方法的时间效率

度量指标	CPU/ms	GPU/ms
MSE	237	13.4
SSIM	524	13.8
3DswIM	7277	—
BlindIQA	—	27.3
本节方法（全参考）	624	15.3

如表 4-3 所示，本节方法所提出的指标无论是 CPU 还是 GPU 上的耗时均与 MSE、SSIM 接近，远快于 3DswIM。主要原因在于后者涉及小波变换，难以通过 GPU 加速。

最后，实验比较了全参考和无参考两个版本的指标的性能。对测试用三维场景，随机选取 55 张虚拟视点图像，分别使用两个版本的指标预测质量，并记录预测结果的相关性。本节方法的全参考与无参考度量结果的相关性如图 4-13 所示。

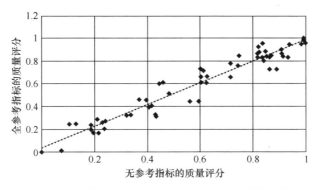

图 4-13　本节方法的全参考与无参考度量结果的相关性

可以看到，在给定测试虚拟视点图像上，无参考版本的指标与全参考版本的指标高度相关（相关性系数 $R^2 = 0.8903$）。因此，在一定程度上，使用无参考版本的指标可以用于客户端上对精度要求不高的场景。

3. 参考视点集构建的表现

在 City Paris 场景中，实验采取本节方法提出的全搜索算法来构建参考视点集，不失一般性，只考虑沿水平方向向右移动这一条路径。实验时，随机选取 5 个不同的初始参考视点 $\left\{v_0^{(1)}, v_0^{(2)}, \cdots, v_0^{(5)}\right\}$，预设质量阈值 $Q_{\mathrm{JND}} = 0.990$，最远搜索距离 $d_{\max} = 100$，分别构建相应的参考视点集。

作为对比，实验对 MSE（Shi 等[3]所提方法的策略）采取同样的全搜索算法构建参考视点集。由于 MSE 计算的是像素累积误差，其变化范围从 0 到 $+\infty$，并且计算结果受场景影响较大，如果采用 Shi 等所提方法中设置的阈值（MSE 阈值设为 100.0）直接用于本节实验场景，预测的视点距离极小。

为此，下面使用实验来确定 MSE 的阈值。图 4-14 所示为不同参考视点合成同一虚拟视点图像的视觉质量。其中，图 4-14（a）所示为视点 v_{54} 的原始无损伤图像。图 4-14（b）所示为由参考视点 v_{52} 的深度图像合成的视点 v_{54} 的虚拟视点图像；图 4-14（c）所示为由参考视点 v_{46} 的深度图像合成的视点 v_{54} 的虚拟视点图像。

（a）视点 v_{54} 的原始无损伤图像　（b）由参考视点 v_{52} 的深度图像　（c）由参考视点 v_{46} 的深度图像
　　　　　　　　　　　　　　合成的视点 v_{54} 的虚拟视点图像　　合成的视点 v_{54} 的虚拟视点图像

图 4-14　不同参考视点合成的同一虚拟视点图像的视觉质量

从视觉效果来看，图 4-14（b）与图 4-14（c）的失真水平相当，这也与实验结果一致，即图 4-14（b）、（c）对应的 Q_{JND} 均为 0.990。然而，这两张图像的 MSE 差异较大，其中图 4-14（b）所示的 MSE 是 172.0，而图 4-14（c）所示的 MSE 是 224.0。由此可知，对同一失真水平，MSE 的变化可能会有较大差异。若选择较小的 MSE 阈值，如 172.0，构造出的参考视点集视距将非常小，失去了对比的意义。

为确保对比结果的公平性，实验选择较大的 MSE 阈值，即设 MSE = 224.0 。在此情况下，分别测试本节方法与 Shi 等所提方法构建的参考视点集的平均视距与视点数量。视点数量实验结果如表 4-4 所示。本节方法与 Shi 等[3]所提方法的平均视距分别为 6.02 和 5.05。

表 4-4　本节方法与 Shi 等所提方法构建的参考视点集的视点数量

初始视点	视点数量	
	本节方法	Shi 等[3]所提方法
$v_0^{(1)}$	17	20
$v_0^{(2)}$	15	18
$v_0^{(3)}$	17	19
$v_0^{(4)}$	19	23
$v_0^{(5)}$	15	19

对每个三维场景，实验选择不同的虚拟视点 v_{vir} ，分别使用 Shi 等[3]所提方法和本节方法预测参考视点。表 4-5 所示列出了预测结果，其中视点后面括号里的数字表示预测的参考视点到虚拟视点的视距。例如 "(2)" 表示，参考视点到虚拟视点的视距为 $2 \times \Delta d$ 。可以看到，本节方法预测的参考视点在3个场景下的视距均长于 Shi[3]，即参考视点集更为稀疏。

表 4-5　不同方法预测的参考视点

三维场景	v_{vir}	v_{ref}	
		Shi 等[3]所提方法	$Q_{JND}=0.990$
City Paris	v_{54}	$v_{52}(2)$	$v_{46}(8)$
Fairy Forest	v_{39}	$v_{41}(2)$	$v_{45}(6)$
Car	v_{48}	$v_{45}(3)$	$v_{43}(5)$

为进一步验证本节方法构建的多尺度参考视点集对虚拟视点图像视觉质量的影响，对每个场景，实验预测设置了 3 个不同的质量阈值，即 Q_{JND} 分别取 0.990、0.985 和 0.980。以 City Paris 为例，依照不同尺度选取的参考视点分别是 v_{46}、v_{45} 以及 v_{43}。由图 4-15 所示可知，参考视点到虚拟视点的视距增加会降低深度图像的传

输频率，代价是虚拟视点图像的视觉质量会随着 Q_{JND} 的下降而下降。然而，虚拟视点图像视觉质量的下降在特定条件下是允许的，例如图 4-15（c）与图 4-15（d）所展示的虚拟视点图像，是由不同的 Q_{JND} 阈值所预测的参考视点合成的（参考视点具体细节信息参见表 4-6），但视觉效果上差别不大。

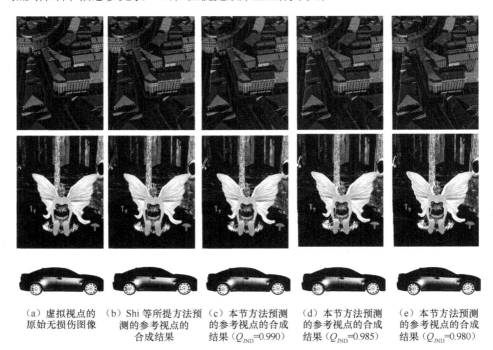

（a）虚拟视点的 （b）Shi 等所提方法预 （c）本节方法预测 （d）本节方法预测 （e）本节方法预测
原始无损伤图像 测的参考视点的 的参考视点的合成 的参考视点的合成 的参考视点的合成
 合成结果 结果（Q_{JND}=0.990） 结果（Q_{JND}=0.985） 结果（Q_{JND}=0.980）

图 4-15　不同场景下预测的参考视点合成同一虚拟视点图像的视觉效果

表 4-6 所示为图 4-15 中不同方法预测的参考视点的具体信息，括号中是预测的参考视点到虚拟视点的视距。由表 4-6 所示可见，随着 Q_{JND} 阈值的下降，预测的参考视点的视距逐渐变长，意味着参考视点集整体上更加稀疏。

表 4-6　不同方法预测的参考视点的具体信息

三维场景	v_{vir}	v_{ref}			
		Shi 等[3]所提方法	Q_{JND}=0.990	Q_{JND}=0.985	Q_{JND}=0.980
City Paris	v_{54}	$v_{52}(2)$	$v_{46}(8)$	$v_{45}(9)$	$v_{43}(11)$
Fairy Forest	v_{39}	$v_{41}(2)$	$v_{45}(6)$	$v_{47}(8)$	$v_{49}(10)$
Car	v_{48}	$v_{45}(3)$	$v_{43}(5)$	$v_{42}(6)$	$v_{40}(8)$

4. 自适应传输控制机制的表现

与上述实验类似，这里依然模拟虚拟视点沿着左右方向匀速运动，当用户观察视点越过当前参考视点视距的中线时，传输新的参考视点深度图像。表 4-7 列出了 10 s 内传输的参考视点深度图像帧数。为验证所提出的自适应传输控制机制的有效性，实验对比了 3 种经典的虚拟视点参考视点深度图像传输方法，包括 Mark 等[1]、Bao 等[2]以及 Shi 等[3]所提方法。如表 4-7 所示，本节方法在相同时间段内传输的参考视点深度图像数最少。Mark 等[1]所提方法以 200 ms 为时间间隔传输参考视点深度图像，10 s 内共计传输参考视点深度图像 50 帧。Bao 等[2]所提方法同样以 200 ms 为时间间隔，只是传输的不是参考视点深度图像，而是虚拟视点图像与上一时刻参考视点图像的残差图，传输数据量减少了，但是传输帧数不变。Shi 等[3]所提方法采用基于内容的传输策略，与本节方法的差异在于：使用 MSE 来预测参考视点；在更新参考视点深度图像时，同时更新所有可能的交互路径上的参考视点深度图像。以三维导航为例，每次参考视点深度图像更新时，一次性地传输 4 帧参考视点深度图像，对应 4 种可能的视点移动路径。本节方法由于引入了用户运动信息约束，每一次更新时只需传输 1 帧，极大地减少了传输开销。

表 4-7　传输频率的对比结果

方法	传输的参考视点深度图像帧数	说明
Mark 等[1] 所提方法	50	以 5 帧/s 的频率传输参考视点深度图像
Bao 等[2] 所提方法	50	与 Mark 等[1]所提方法一样，每帧数据量略有减少
Shi 等[3] 所提方法	$12 \times n$	每条路径平均传输 12 帧，由于其设计机制，每次需要更新所有 n 条路径上的参考视点深度图像
本节方法	10	以 $Q_{JND} = 0.990$ 为尺度预测的参考视点，与路径总数无关
	8	以 $Q_{JND} = 0.985$ 为尺度预测的参考视点，与路径总数无关
	6	以 $Q_{JND} = 0.980$ 为尺度预测的参考视点，与路径总数无关

此外，实验还测试了动态协商算法的性能。设移动终端上的虚拟视点图像质量阈值 $Q_{allow} = 0.900$，移动终端的显示分辨率为 768 像素 × 1024 像素，记录了使用动态协商算法前后传输的每一帧参考视点深度图像的绘制分辨率与传输数据量（不考虑参考视点深度图像压缩）。实验结果如表 4-8 所示。

表 4-8　使用动态协商算法的参考视点深度图像绘制
分辨率（单位：像素×像素）与传输数据量

参考视点/ 传输数据量	Q_{allow}			
	不使用	0.900	0.850	0.800
v_1	768×1024	768×1024	768×1024	768×1024
v_2	768×1024	768×1024	600×800	600×800
v_3	768×1024	600×800	540×720	540×720
v_4	768×1024	600×800	384×512	384×512
v_5	768×1024	600×800	384×512	300×400
v_6	768×1024	600×800	384×512	300×400
v_7	768×1024	600×800	384×512	300×400
v_8	768×1024	768×1024	540×720	384×512
数据量	—	−32.00%	−55.00%	−61.70%

如表 4-8 所示，得益于动态协商算法，参考视点深度图像的绘制分辨率会随着参考视点的更新动态变化，与不使用动态协商算法相比，传输的数据量减少了至少 32.0%。随着 Q_{allow} 的下降，传输数据量将进一步减少。

5. 基准系统

为验证本节所提出的参考视点深度图像传输机制对 DIBR 系统的远程绘制性能的影响，实验设计并实现了一个 DIBR 基准系统，以此来评估所提出的方法对系统可扩展性的作用。

整个基准系统分为服务器端和客户端。其中，服务器端部署在一台 Dell OptiPlex 台式机上，拥有一块 Intel Core i5-3470 CPU 和一块 NVIDIA GeForce GTX 650 GPU。客户端选用两类中低端移动手机，包括 LG Nexus 4（拥有一块 Qualcomm Adreno 320 GPU 和 768 像素×1280 像素的显示分辨率）和 HTC One（M8）（拥有一块 Qualcomm Adreno 330 GPU 和 1080 像素×1920 像素的显示分辨率）。所有数据均通过 11 MB/s 的 Wi-Fi 传输。

（1）服务器端

传输适配器部署在服务器端。此外，服务器端部署了一个绘制引擎，以及一个参考视点深度图像编码器。绘制引擎选用 OpenSceneGraph（OSG）。参考视点深度图像编码器独立地编码参考视点的彩色图和深度图。其中彩色图使用 JPEG 2000

协议编码，深度图则使用深度下采样方法编码[5]。编码后的彩色图和深度图组织成二进制流传输给客户端。

（2）客户端

扩展控制器部署在客户端。此外，客户端还部署了一个本地绘制器，以及一个参考视点深度图像解码器。由于复杂场景的绘制在服务器端已经实现了，故本地绘制器主要功能是实现高效的虚拟视点合成（利用 OpenGL ES 即可满足需要）。在实际虚拟视点合成过程中，利用本地缓存的参考视点深度图像，就可实现多参考视点深度图像的三维图像变换与融合策略。分别将不同视点下的参考视点深度图像变换到虚拟视点，然后根据不同参考视点到虚拟视点的视距线性融合。这样做的好处是尽可能利用已知信息来填补暴露区域，避免高复杂度的图像后处理。为此，特别设置了一个参考视点深度图像缓冲池，可根据最近使用时间保存参考视点深度图像。参考视点深度图像解码器与编码器对应，对彩色图使用 JPEG 2000 协议解码，对深度图则使用边缘融合算法进行重建解码。

（3）用户交互界面

基准系统支持触屏输入。客户端连续不断地监听触屏动作，将其转换为三维场景的世界坐标系下的用户观察视点运动。基准系统支持 3 种交互方式：三维模型浏览、三维导航和虚拟环境漫游。对三维模型浏览来说，用户可以在一个追踪球上改变用户观察视点，以观察模型的外表面。三维导航前面已经说过，用户以鸟瞰的方式在场景上方以 4 邻域的方式（上下左右 4 个方向）移动用户观察视点。对虚拟环境漫游来说，用户以第一人称视角运动，用户观察视点模拟头部运动。表 4-9 所示为上述 3 种交互方式及对应的用户观察视点移动路径。

表 4-9　3 种交互方式及对应的用户观察视点移动路径

交互方式	支持的用户观察视点运动路径
三维模型浏览	向左/向右旋转，放大/缩小
三维导航	向左/向右平移，向前/向后平移
虚拟环境漫游	向左/向右旋转，向前/向后平移

6. 系统性能

在实现的基准系统之上，实验测试了所提出的参考视点深度图像传输方法的性能：测试该方法对于系统可扩展性的支持；测试分析该方法的时间开销对用户交互的影响。

（1）系统可扩展性

为测试系统的可扩展性，实验测试单一服务器端能够支持的最大客户端数。不失一般性，我们分别选用 Nexus 4 和 HTC One（M8）手机作客户端。随机测试 Car 场景的三维模型浏览、City Paris 场景的三维导航，以及 City Paris 场景的虚拟环境漫游。每一种客户端型号，重复实验 5 次，最终记录平均带宽消耗，以及 Wi-Fi 条件下最大可支持客户端数。实验结果如表 4-10 所示。实验特别预设了两档虚拟视点图像质量阈值 Q_{JND} $(0.985, 0.990)$ ，以及两种不同的可用带宽 $BW_{available}$（$1.0\ MB/s$ 、$1.5\ MB/s$），以测试本节方法对不同的网络状态的自适应性。

表 4-10　本节方法对系统可扩展性的影响

客户端型号	Q_{JND}	$BW_{available}$/（MB·s^{-1}）	f_{tran}/（帧·s^{-1}）	BW_{avg}/（KB·s^{-1}）	最大支持客户端数/个
Nexus 4	0.985	1.0	5	733	15
	0.985	1.5	5	786	13
	0.990	1.5	8	1249	9
HTC One（M8）	0.985	1.0	5	710	15
	0.985	1.5	5	1000	11
	0.990	1.5	8	1413	7

如表 4-10 所示，本节方法使远程绘制系统在不同的三维场景交互情形下均保持了较低的参考视点深度图像传输频率和较少的网络带宽消耗。即使对 HTC One（M8），绘制分辨率达到 1080 像素×1920 像素，传输频率依然低于 10 帧/s，平均带宽消耗低于 1.5 MB/s。表 4-10 所示同时展示了多尺度参考视点集对系统可扩展性的作用。可以看到，随着预设虚拟视点图像质量阈值 Q_{JND} 的下降，Nexus 4 的参考视点深度图像传输频率从 8 帧/s 降到 5 帧/s，平均带宽消耗约减少了 37.07%。主要原因就在于传输适配器选用了大尺度的参考视点。另外，表 4-10 所示还展示了自适应传输控制机制的有效性。仍以 Nexus 4 为例，在保证虚拟视点图像质量不变（$Q_{JND} = 0.985$）的前提下，根据分配给每个客户端的可用带宽，自适应传输控制机制使参考视点深度图像传输消耗从 786 KB/s 降到 733 KB/s。

综上可知，本节所提出的参考视点深度图像传输方法能够支持多移动终端的并发访问，单台服务器最大支持终端数可以达到 15 台，具有较高的可扩展性。所提出的参考视点集构建方法，以及自适应的传输控制机制均基于提出的虚拟视点图像质量度量指标，确保了移动终端上的用户体验。图 4-16 所示为本节方法在 HTC One（M8）上的实际运行效果。

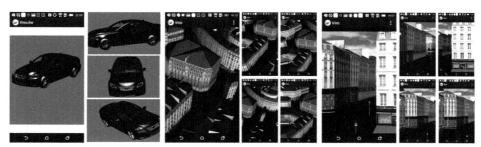

（a）Car 三维模型浏览　　　（b）City Paris 三维导航　　　（b）City Paris 虚拟环境漫游

图 4-16　本节方法在 HTC One（M8）上的实际运行效果

（2）时间效率

实验在 Nexus 4 上运行 City Paris 场景的三维导航，记录每个阶段的平均耗时，实验结果如表 4-11 所示。

表 4-11　参考视点深度图像传输方法在 Nexus 4 上运行的时间消耗

绘制分辨率	T_{server}/ms		T_{client}/ms			T_{rtt}/ms
	T_{ren}	T_{enc}	T_{dec}	T_{warp}	T_{eval}	
VGA	30.0	141.0	30.0	17.7	10.0	14.7
SVGA	30.0	191.0	30.0	22.9	15.3	20.3
XGA	30.0	206.0	41.0	28.9	27.0	24.6

如前所述，当传输适配器确定下一个参考视点后，服务器端开始绘制对应的参考视点深度图像，绘制时间 T_{ren} 与服务器的绘制能力有关。对实验用机器，绘制一帧参考视点深度图像的平均时间为 30 ms。此后，参考视点深度图像中的彩色图和深度图通过两个线性并行压缩。其中，彩色图的平均编码时间为 20 ms，深度图下采样耗时 T_{enc} 为 141.0～206.0 ms，绘制分辨率越大，耗时越长。由于彩色图与深度图同步传输，因此，总的编码耗时 T_{enc} 取决于深度图的下采样。服务器端的总耗时可以表示为 $T_{server} = T_{ren} + T_{enc}$，根据绘制分辨率，总耗时为 171.0～236.0 ms。

客户端的耗时包括参考视点深度图像解码和虚拟视点合成。与编码类似，彩色图和深度图并行解码。其中，彩色图解码时间约 30 ms，深度图解码时间则为 20.5～41.0 ms，同样取决于参考视点深度图像的绘制分辨率。与参考视点深度图像编码不同，解码阶段的总耗时 T_{dec} 取决于彩色图和深度图解码中较慢的一个，为 30.0～41.0 ms。参考视点深度图像绘制分辨率较低时，制约总解码耗时的是彩色图；随着绘制分辨率的增加，深度图重建决定了总的解码时间。虚拟视点合成耗时 T_{warp} 为 17.7～28.9 ms，取决于显示分辨率。客户端的质量度量耗时 T_{eval} 为 10.0～27.0 ms，与显示分辨率有关。但是虚拟视点图像质量度量与虚拟视点合成是相互独立的，并不会影响总的交互时延。因此，客户端的总耗时 $T_{client} = T_{dec} + T_{warp} + T_{eval}$，在 $57.7 \sim 96.9$ ms。除此之外，交互时延还受往返时间 T_{rtt} 的影响，在实验网络环境为 $14.7 \sim 24.6$ ms。最终交互时延为 $243.4 \sim 357.5$ ms。

为进一步优化交互时延，我们设计的参考视点深度图像传输机制预留了绘制与编码提前量，即当用户观察视点越过当前参考视点视距的中线时，传输适配器便通知服务器端开始下一次传输的参考视点深度图像的绘制与编码了。此外，客户端设置的参考视点深度图像缓冲池，能够保证任何时刻都有参考视点深度图像供虚拟视点合成。若由于网络传输的原因导致新的参考视点深度图像无法及时接收时，通过从缓冲池中选取最近视距的参考视点深度图像，可以以牺牲视觉质量为代价保证交互的实时性。因此，在实际应用中，本节方法可以保证平均交互时延低于 200 ms，满足大部分实时应用的需求。

4.2 基于视觉感知的无监督虚拟视点合成方法

4.2.1 概述

基于图像的绘制，以及 DIBR 技术能够得到较好质量的虚拟视点视频，但这些方法依赖明确的几何监督信息。同时，虚拟视点视频中存在明显的几何失真，需要高计算复杂度的图像后处理以提升视觉质量。针对上述问题，本节介绍一种基于视觉感知的无监督虚拟视点合成方法。该方法将时空域生成式对抗网络嵌入虚拟视点合成过程中，摆脱了对参考视点几何信息以及虚拟视点监督信息的依赖。为了确保虚拟视点视频的视觉质量，该方法设计了基于无参考虚拟视点图像质量度量的损失函数。

移动终端和无线网络技术的发展，给交互式多媒体应用，包括 3DTV、自由视点视频等带来便利。在这些应用中，虚拟视点合成，尤其是从单视点生成任意视点是一项挑战。从单目图像推断新视点本身是一个病态问题，可以形式化为

$$I^{v_{vir}} = F\left(I^{v_{ref}}; \Phi\right) \tag{4-13}$$

式中，F 表示视点合成方法；$I^{v_{vir}}$ 表示参考视点图像；Φ 表示三维场景几何信息，

如点云、深度、视差、光流、场景流等。

现有的虚拟视点合成方法可大致分为基于几何的方法和基于学习的方法。

基于几何的方法试图利用显式几何约束，将参考视点中的像素变换到虚拟视点下。该类方法依赖于参考视点的三维结构信息。这些三维结构信息，既可以是使用深度传感器等主动获取的，也可以是近似标注的。常用的表示三维结构信息的方法包括深度[6-8]、视差[9-10]以及场景流[11]。根据参考视点下的几何信息，可以将参考视点图像中的像素变换到虚拟视点图像的对应位置，这一过程需要保证两个视点之间的几何一致性。

典型的像素变换方法包括插值[12-14]、图像变形（image morphing）[15]、基于图像的绘制（image-based rendering，IBR）[16]以及前面提到的 DIBR。DIBR 系统大多以三维图像变换为核心，在具体实现时有前向变换（forward warping）和后向变换（backward warping）两种。其中，前向变换是以顺序的方式将参考视点下的图像，按照深度计算出移动距离，然后变换到虚拟视点图像中。若参考视点图像中的两个像素被变换到同一个位置，则深度值较小（距离用户更近）的像素会覆盖掉深度值较大（距离用户更远）的像素。前向变换需要额外注意舍入误差，即像素的移动距离不是整数的情况。后向变换与之相反，首先将参考视点下的深度按照三维图像变换方程变换到虚拟视点下。然后，对虚拟视点图像中的每个像素，依照深度计算其在虚拟视点中的像素位置。若计算得到的像素位置不是整数，则使用最近邻插值、双三次插值等方法选取其邻域像素加权。与前向变换相比，后向变换避免了舍入误差（这是导致虚拟视点图像中裂缝的主要原因）。然而，基于几何的方法依赖于显式的几何信息，如深度、视差和场景流等。这些几何信息在实际应用中极难获取，而从图像估计场景的三维结构本身又是一个难题。以深度估计为例，对图像中的非 Lambertian 区域[1]，很难得到准确的深度。同时，现有深度估计方法大多是对场景中物体前后关系的推断，并不是真正意义上的深度，用于视点合成时还需要知道视点的相机参数。此外，像素变换本身不具有暴露区域像素的推断能力，从而导致合成的图像或视频中有严重的空洞，这时需要借助纹理合成或图像修复来对空洞进行填补。这又给虚拟视点合成带来额外的计算开销。

基于学习的方法并不需要明确的几何信息（可避免逐像素的变换），而是试图根据参考视点以及参考视点下的几何信息，学习到一个参数化的模型来生成虚拟视点。由于显式地构造图像生成的参数化模型本身就是学术界的难题，现有工作

---

[1] Lambertian 是光学中对环境中完全漫反射表面的叫法，即入射光在所有方向均匀反射，如白纸、白墙等。非 Lambertian 则是指不均匀反射的表面，如金属、毛玻璃等。这种物体因为不完全的漫反射而导致反射能量不均匀，往往形成高光等区域，影响深度的正确估计。

主要试图使用神经网络的特征表示能力来取代几何信息推断。Flynn 等[17]首先提出通过若干个参考视点学习到场景的深度,然后依照深度绘制出虚拟视点图像;Zhou 等[18]使用 CNN 训练一个场景流估计的模型,在使用时,首先估计参考视点到目标视点的场景流,然后使用像素变换的方法得到目标视点图像。Deep3D 网络利用网络推断左右视点的视差,再通过构造立体匹配的能量函数来优化生成的虚拟视点图像。这样做不需要显式的几何信息。然而,在训练过程中,需要虚拟视点下的原始无损伤图像或视频作为监督数据,来优化生成网络。在实际应用中,虚拟视点下的原始无损伤数据是很难获取的。这就给网络的泛化能力带来挑战。

基于此,本节在 DIBR 技术的基础上,将虚拟视点合成方法转换为一个生成式对抗的三维图像变换任务。本节方法的主要创新点有以下 3 个。

首先,提出无监督的虚拟视点合成框架,既不需要参考视点的几何信息也不需要虚拟视点监督信息。

其次,将时空域生成式对抗网络嵌入虚拟视点合成过程中,通过隐式估计深度与可微分的三维图像变换,端到端地实现了虚拟视点视频合成。

最后,在缺少虚拟视点监督信息的前提下,设计了基于无参考虚拟视点图像质量度量的损失函数,以确保虚拟视点的视觉质量。

4.2.2　无监督的虚拟视点合成框架

如前所述,已有单目视频虚拟视点合成方法或依赖几何监督信息,或依赖虚拟视点原始无损伤训练数据,对应的框架分别如图 4-17(a)与图 4-17(b)所示。图 4-17(a)所示为典型的基于几何的方法(DIBR[19]等),图 4-17(b)所示为基于学习的方法(Deep3D[20]等),与之不同,将虚拟视点合成转换为一种无监督的生成式对抗网络。无监督的单目视频虚拟视点合成网络框架如图 4-18 所示。

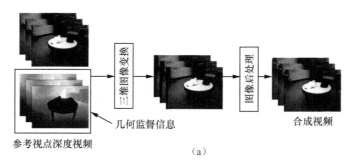

参考视点深度视频　　　　　几何监督信息　　　　　　合成视频

(a)

图 4-17　传统的单目视频虚拟视点合成网络框架

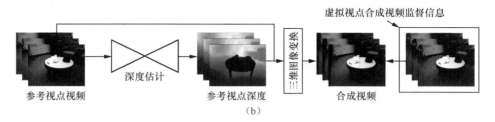

图 4-17　传统的单目视频虚拟视点合成网络框架（续）

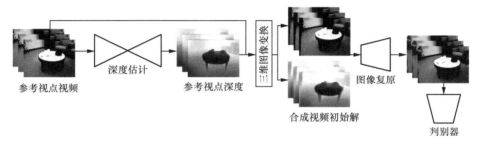

图 4-18　无监督的单目视频虚拟视点合成网络框架

图 4-18 所示以生成式对抗网络为主骨网络，利用生成式对抗网络的生成能力隐式地估计深度信息，并使用可微分的三维图像变换与图像修复网络作为生成器，端到端地得到虚拟视点视频。本节方法摆脱了对参考视点深度以及虚拟视点视频真值等监督信息的依赖。此外，整个网络是全卷积的，相较传统方法效率更高。

整个方法以循环网络栈（recurrent network stack）的方式实现。对时刻 t 的参考视点图像 $I_t^{v_{\text{ref}}}$，我们首先通过深度估计 F 估计出它的初始深度 $D_t^{v_{\text{ref}}}$。然后，利用 $\langle I_t^{v_{\text{ref}}}, D_t^{v_{\text{ref}}} \rangle$，通过三维图像变换网络 W 得到虚拟视点的初始解 $I_{t,\text{IN}}^{v_{\text{vir}}}$。这样做的目的是确保虚拟视点初始解与参考视点之间具有几何一致性，同时加速生成器的收敛。三维图像变换网络 W 同时得到了虚拟视点对应深度的初始解 $D_{t,\text{IN}}^{v_{\text{vir}}}$。与已有方法依赖高精度的参考视点深度信息不同，本节方法隐式地估计出参考视点深度，以此获得虚拟视点图像的初始解。为避免深度估计的误差或深度缺失，本节在循环网络中加入了对参考视点深度图像在时域上的几何一致性约束。

虚拟视点图像的初始解 $I_{t,\text{IN}}^{v_{\text{vir}}}$ 经过图像修复网络 G 后，输出的是一张精调后的图像 $I_{t,G}^{v_{\text{vir}}}$。由于并不知道虚拟视点的原始无损伤图像，图像修复网络中使用的通用损失函数，如基于像素误差的 l_1 损失函数（包括 MSE、MAE 等），基于结构相似性的 SSIM 损失函数等无法使用。为确保最终合成结果的视觉感知质量，本节方法将无参考虚拟视点图像质量度量引入网络中，设计了全卷积的感知损失函数 $L_{\text{blindSIQA}}$，利用虚拟视点图像的质量度量结果来优化网络。此外，本节方法还通过惩罚虚拟视点图像与对应深度的边缘不一致，辅助减少虚拟视点图像空洞区域填补后的结构失真。整个虚拟视点合成过程为

$$I_t^{v_{\text{ref}}}, D_t^{v_{\text{ref}}} = I_t^{v_{\text{ref}}}, F\left(I_t^{v_{\text{ref}}}\right) \tag{4-14}$$

$$I_{t,\text{IN}}^{v_{\text{vir}}}, D_{t,\text{IN}}^{v_{\text{vir}}} = W\left(I_t^{v_{\text{ref}}}, D_t^{v_{\text{ref}}}\right) \tag{4-15}$$

$$I_{t,\text{G}}^{v_{\text{vir}}}, D_{t,\text{G}}^{v_{\text{vir}}} = G\left(I_{t,\text{IN}}^{v_{\text{vir}}}, D_{t,\text{IN}}^{v_{\text{vir}}}\right) \tag{4-16}$$

式中，F，W，G 分别表示深度估计网络、三维图像变换网络，以及图像修复网络。最后，本节方法训练了一个时空一致性判别器 $D_{\text{s,t}}$ 来进一步优化虚拟视点视频在时空域上的视觉质量。

1. 深度估计网络 F

如前所述，从单目视频中估计深度本身是一个难问题。一方面，视频中的光照、透明与半透明介质等给从图像中推断深度带来困难；另一方面，视频相邻帧之间存在相机运动（ego-motion）或场景运动，给深度估计的时域几何一致性带来困难。已有的深度估计方法大多数是将图像中的像素依照学习到的参数化模型映射特定的灰度值，所生成的深度图实质上仅反映了三维场景中物体的遮挡关系，其对应的深度值具有歧义。例如，对图像中某像素 (i,j)，可能的深度值满足 $\eta \times D^{ij}, \eta \in \mathbb{R}^+$，是一个不定解。其中，$D^{ij}$ 表示估计的深度；η 表示深度量化尺度。注意，相邻帧的深度量化尺度 η 有可能不同，在经过三维图像变换生成虚拟视点视频时，会导致虚拟视点视频相邻两帧中的场景物体发生漂移，如图 4-19 所示。这也是多视点几何重建中的一个常见问题。

| （a）参考视点图像 | （b）合成图像及对应的深度图 | （c）合成图像及对应的深度图（2 倍深度值） |

图 4-19　不同的深度量化尺度 η 对虚拟视点图像结果的影响

为此，本节方法选用 Mahjourian 等[21]提出的深度估计网络结构，得到参考视点视频的初始深度。深度估计网络结构如图 4-20 所示。网络由深度值估计与相机位姿估计两部分子网络组成。图中左半部分表示深度值估计子网络，采用类似 U-Net 的结构方式，编码器部分由 14 个卷积层组成，训练时卷积核大小分别为 512×512，256×256，128×128，64×64，32×32，16×16，8×8。解码器部分则由对应的反卷积层组成，注意到图中标记为黑色的表示空洞卷积。整个网络沿用了 U-Net 中的跳转连接，在反卷积阶段，对于每一个尺度输出的特征图，均将其上采样到原始输入图像大小并求平均，最终得到估计的深度值。相机变换矩阵输入是其他时刻图像到当前时刻图像的 6 自由度相机变换矩阵 $\boldsymbol{T}=[\boldsymbol{R}|\boldsymbol{t}]$（$\boldsymbol{R}$ 表示三个旋转自由度，$\boldsymbol{t}$ 表示三个平移自由度）。

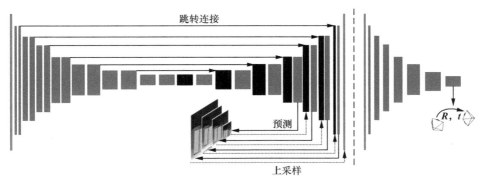

图 4-20　深度估计网络结构

对同一张图像，估计的深度值实际上只是颜色值到灰度值的一个映射关系，并不是实际的三维结构信息。所估计的深度值往往具有歧义性，将其直接用于虚拟视点合成时，得到的结果往往不能保证从参考视点到虚拟视点的几何一致性。因此，深度估计子网络除输出估计的深度 $D_t^{v_{\text{ref}}}$，还输出了相邻两帧的相机变换矩阵 $\boldsymbol{T}$。相机位姿估计子网络由 7 层卷积层组成，在训练时卷积核大小分别为 512×512，256×256，128×128，64×64，32×32，16×16，8×8。最终输出一个长度为 9 的向量，用来表示相机变换矩阵。由于仅仅知道参考视点下的视频序列信息，那么可以通过将估计到的深度以及相邻两帧的相机变换矩阵，将时刻 $t-1$ 与时刻 $t+1$ 的参考视点图像通过三维图像变换到 t 时刻，进一步可得到 t 时刻的虚拟视点图像 $\widehat{I_t^{v_{\text{ref}}}}$。通过最小化几何损失函数 $L_{\text{geo}}=\sum_k\left|\widehat{I_k^{v_{\text{ref}}}}-I_t^{v_{\text{ref}}}\right|$，

$k\in\{t-1,t+1\}$ 来约束深度的时域一致性，可以在一定程度上消除估计的深度值的歧义性。此外，考虑深度图是由少量不连续边与大量平坦区域组成的，故可以添

加图像平滑损失函数 L_{sm} 来对此进行约束。

2. 三维图像变换网络

如前所述，三维图像变换是将参考视点图像中的像素，依照深度变换到新视点下的过程。通过三维图像变换得到的虚拟视点图像与参考视点图像之间具有几何一致性约束，因而作为生成器的条件信息，可以加速网络收敛。为满足神经网络梯度反向传播的需要，这里简要推导三维图像变换的可微分形式。

（1）面向深度估计的三维图像变换

面向深度估计的三维图像变换的目的是当参考视点视频中存在相机运动时，能确保估计的深度图在参考视点相邻视频的几何一致性。在深度估计任务中，不同时刻的参考视点帧的真值是已知的。具体地，对参考视点在时刻 t 的图像 $I_t^{v_{\text{ref}}}$，设通过深度估计网络得到的深度为 $\widehat{D_t^{v_{\text{ref}}}}$。设参考视点的相机内参矩阵为 K，从时刻 t 到时刻 $t+1$ 估计的相机变换矩阵记为 $\widehat{T_{t \to t+1}}$。

设 $I_t^{v_{\text{ref}}}$ 中的任一像素坐标为 $p_t^{v_{\text{ref}}}$，根据三维图像变换方程，可以得到该像素变换到时刻 $t+1$ 的像素坐标：

$$p_{t+1}^{v_{\text{ref}}} \sim K\widehat{T_{t \to t+1}}\widehat{D_t^{v_{\text{ref}}}}\left(p_t^{v_{\text{ref}}}\right)K^{-1}p_t^{v_{\text{ref}}} \tag{4-17}$$

时刻 $t+1$ 到时刻 t 的像素变换可以记为

$$\hat{I}\left(p_t^{v_{\text{ref}}}\right) = I\left(p_{t+1}^{v_{\text{ref}}}\right) \tag{4-18}$$

式（4-18）对深度 $\widehat{D_t^{v_{\text{ref}}}}$ 是不可求导的，故无法用于损失函数梯度的反向传播。因此，将其转换为根据变换后的坐标 $p_{t+1}^{v_{\text{ref}}}$，从 $I\left(P_{t+1}^{v_{\text{ref}}}\right)$ 中采样的操作如图 4-21 所示。

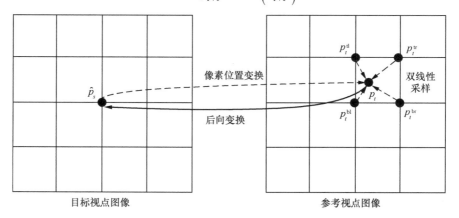

图 4-21　基于双线性采样的后向变换

在图 4-21 中，$\hat{p}_s$ 为目标视点图像中的某个像素点，根据深度后向变换到参考视点下，得到对应点 p_t。该点往往没有落在整数坐标上，因此需要进行近似计算。在这里采用双线性采样，即找到该点左上、左下、右上与右下的 4 个像素点 p_t^{tl}、p_t^{tr}、p_t^{bl} 和 p_t^{br}，然后利用双线性插值得到。

注意：在这个过程中，不单是距离满足双线性插值性质，在局部区域颜色也满足双线性插值的性质。因此，所得到的目标视点的像素的颜色可以通过线性运算得到，即可嵌入卷积网络中。

（2）面向虚拟视点合成的三维图像变换

与面向深度估计的三维图像变换类似，面向虚拟视点合成的三维图像变换的目的是确保参考视点与虚拟视点之间的几何一致性。假设参考视点与虚拟视点的相机内参矩阵是相等的，且参考视点与虚拟视点位于同一平面，只存在水平方向的视差。若参考视点下的深度图记为 z，则可将深度图转换为视差图：

$$d_{ij} = L - \frac{Lf}{z_{ij}} \qquad (4\text{-}19)$$

若给定两视点的视距 L 与相机焦距 f，则可得到准确的视差。在实际应用中，可按照经验设置视距与焦距。此时，参考视点图像到虚拟视点图像的像素变换可记为

$$I^{v_{vir}}\left(i, j + d_{ij}\right) = I^{v_{ref}}\left(i, j\right) \qquad (4\text{-}20)$$

式（4-20）对视差图 d 也是不可求导的。因此，对虚拟视点图像中的任一像素 $p^{v_{vir}}(i,j)$，可根据逆向视差 d_{ij} 在参考视点图像中寻找对应的像素位置 $p^{v_{ref}}(i, j-d)$，然后对距离 $p^{v_{ref}}(i, j-d)$ 最近的两个像素 $p^{v_{ref}}\left[i, (j-d)\right]$，$p^{v_{ref}}\left[i, (j-d)\right]$ 使用线性插值：

$$\widehat{I^{v_{vir}}}\left[p^{v_{vir}}\left(i, j\right)\right] = \sum_{k \in \left\{\lfloor (j-d) \rfloor, \lceil (j-d) \rceil\right\}} w_k I^{v_{ref}}\left[p^{v_{ref}}\left(i, k\right)\right] \qquad (4\text{-}21)$$

式（4-21）是可卷积的，能够嵌入深度 CNN 中。

3. 图像修复网络

对经过三维图像变换得到的虚拟视点图像初始解 $I_{IN}^{v_{vir}}$，本节选用 Iizuka 等[22]设计的图像修复网络，并结合虚拟视点合成任务进行改进。整个网络是全卷积的，网络结构如图 4-22 所示。

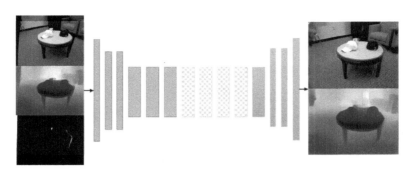

图 4-22　虚拟视点图像及深度的图像修复网络结构

　　网络结构整体类似自编码器，编码器部分由 3 组，共 6 层卷积层组成，每一组卷积核在训练时的大小分别为 256×256，128×128，64×64。在卷积层的最后，使用 4 个空洞卷积层来增加卷积核的局部感受野，目的是捕捉空洞区域的上下文以提升空洞填补的效果。解码器由对应的 3 组卷积层组成。在 Iizuka 等[22]所提方法中，输入网络的是一张 RGB 图像以及对应的标识出空洞区域的二值 Mask 图，输出的是修补后的 RGB 图像。与之不同，我们同时修补虚拟视点图像与对应的深度，以满足后续损失函数计算的需要。为避免由于彩色图丰富纹理信息导致将非空洞像素错分为空洞像素，对 $I_{\mathrm{IN}}^{v_{\mathrm{vir}}}$ 及对应的深度图 $D_{\mathrm{IN}}^{v_{\mathrm{vir}}}$ 取异或操作，得到空洞 Mask 图：

$$\mathrm{Mask} = I_{\mathrm{IN}}^{v_{\mathrm{vir}}} \oplus D_{\mathrm{IN}}^{v_{\mathrm{vir}}} \tag{4-22}$$

　　最后，将一张带空洞的虚拟视点图像（RGB 图像）、对应的带空洞的深度图，以及对应的空洞 Mask 图同时送入网络。此外，本节方法使用 Yu 等[23]提出的门限卷积层取代原网络中的卷积层。传统卷积层使用同一卷积核对所有空域位置卷积，对空洞区域得到的特征图既包含了非空洞区域的像素信息，也包含了空洞区域或修补区域的像素信息。这样学习到的特征图具有歧义性，容易导致空洞区域出现颜色偏差、模糊等失真。门限卷积层则分别使用门限卷积核 W_{g} 与特征卷积核 W_{f} 对虚拟视点图像卷积，然后将输出结果分别通过激活函数后卷积，作为下一层的输入。计算过程为

$$\mathrm{Gating}_{ij} = W_{\mathrm{g}} \cdot I \tag{4-23}$$

$$\mathrm{Feature}_{ij} = W_{\mathrm{f}} \cdot I \tag{4-24}$$

$$O_{ij} = \phi\left(\mathrm{Feature}_{ij}\right) \odot \sigma\left(\mathrm{Gating}_{ij}\right) \tag{4-25}$$

式中，I 表示特征图（第一层输入记为虚拟视点图像本身）；Gating 与 Feature 分别

表示门限值与特征图的输出；O_{ij} 表示对应位置的最终输出结果。其中，ϕ 选用 Leaky ReLU 函数，σ 选用 sigmoid 函数，使门限值在 0 到 1 之间。通过门限卷积，网络能够学习到图像中每个位置的动态特征选择机制——倾向于使用图像中的背景、边缘等区域对应的特征图来学习填补空洞。

由于复原后的虚拟视点图像并没有对应的真值，无法直接使用 L_1 像素误差或 SSIM 等损失函数。考虑虚拟视点图像修复的主要目的是减少图像中的几何失真，而我们之前设计的虚拟视点图像无参考质量度量恰好能够反映虚拟视点图像的几何失真对用户视觉感知的影响：若虚拟视点图像的几何失真较严重，则质量预测值偏低；反之亦然。因此，本节方法设计了基于无参考虚拟视点视频质量度量的损失函数 $L_{\text{blindSIQA}}$ 来惩罚虚拟视点图像中的几何失真。此外，观察到虚拟视点图像中的几何失真会导致虚拟视点图像与对应的深度图的边缘对齐不一致。因此，本节方法设计了无参考的 SSIM 损失函数 L_{edgeSSIM} 来进一步保证修补区域的结构，同时添加了 Laplacian 变换层，通过设计固定的 4 个方向的 Laplacian 卷积核来提取边缘，保证整个网络的梯度可以反向传播。

4. 时空一致性判别器

在视频生成任务（如视频超分辨率、视频风格迁移，以及视频合成等）中，使用时域约束能够保证生成视频的时域一致性。常见的时域约束是 L_2 损失函数。然而 L_2 损失函数统计的是相邻两帧的像素误差，其平均特性往往使生成的两帧趋于平滑，因而丢失空域细节。在时空域生成式对抗网络中添加额外的时域判别器，通过比较真值视频与虚拟视点视频的运动，能够较好地保留空域细节。然而，在虚拟视点合成任务中，虚拟视点下的视频真值是不存在的，因此无法提供运动信息。

受 Xie 等[24]工作的启发，本节方法引入时空一致性判别器 $D_{\text{s,t}}$，并根据虚拟时点合成任务做出改进。设计的判别器网络结构如图 4-23 所示。该网络由 6 层卷积层组成，在训练时卷积核大小分别为 512×512，256×256，128×128，64×64，32×32。

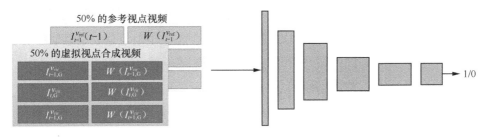

图 4-23　时空一致性判别器网络结构

判别器接受两组输入：

$$\text{REF} = \left\{ I_{t-1}^{v_{\text{ref}}}, I_t^{v_{\text{ref}}}, I_{t+1}^{v_{\text{ref}}} \right\} \tag{4-26}$$

$$\text{VIR} = \left\{ I_{t-1,\text{G}}^{v_{\text{vir}}}, I_{t,\text{G}}^{v_{\text{vir}}}, I_{t+1,\text{G}}^{v_{\text{vir}}} \right\} \tag{4-27}$$

式中，REF 与 VIR 分别表示参考视点与虚拟视点的视频，长度为 3 帧。如果虚拟视点视频的空域细节较少，或含有视觉失真，通过比较 VIR 与 REF，判别器 $D_{\text{s,t}}$ 可以惩罚生成器。

与此同时，为了比较参考视点视频与虚拟视点视频的时域关系，利用参考视点与虚拟视点对应的深度，以及估计的相机变换矩阵（假设参考视点与虚拟视点的相机变换矩阵相同）将时刻 $t-1$ 与时刻 $t+1$ 的帧分别变换到时刻 t，得到以下两组输入：

$$\text{IN}_{\text{ref}} = \left\{ W\left(I_{t-1}^{v_{\text{ref}}} \rightarrow I_t^{v_{\text{ref}}} \right), I_t^{v_{\text{ref}}}, W\left(I_{t+1}^{v_{\text{ref}}} \rightarrow I_t^{v_{\text{ref}}} \right) \right\} \tag{4-28}$$

$$\text{IN}_{\text{vir}} = \left\{ W\left(I_{t-1,\text{G}}^{v_{\text{vir}}} \rightarrow I_{t,\text{G}}^{v_{\text{vir}}} \right), I_{t,\text{G}}^{v_{\text{vir}}}, W\left(I_{t+1,\text{G}}^{v_{\text{vir}}} \rightarrow I_{t,\text{G}}^{v_{\text{vir}}} \right) \right\} \tag{4-29}$$

如果虚拟视点视频的时域变化与参考视点视频差异较大，使用三维图像变换 W 能够更好地对齐不同时刻的帧，方便判别器的分类，通过比较 IN_{ref} 与 IN_{vir}，判别器 $D_{\text{s,t}}$ 可以惩罚生成器。

与 Xie 等[24]所提方法类似，本节方法以 50%的概率随机采样上述两组输入，只需一个简单的三维卷积神经网络，就能够使判别器 $D_{\text{s,t}}$ 自动地平衡时域与空域。

4.2.3　基于视觉感知的损失函数

1. 深度估计损失函数

深度估计损失函数主要包括两项：一项是深度一致性约束项 L_{geo}。设训练图像序列为 $\left\langle I^{v_{\text{ref}}}(1), \cdots, I^{v_{\text{ref}}}(T) \right\rangle$，取中间图像 $I^{v_{\text{ref}}}(t)$ 作为目标图像，将其他时刻的图像根据估计的深度变换到目标图像视点下，则深度一致性约束项可以表示为

$$L_{\text{geo}} = \sum_k \sum_p \left| \widehat{I_k^{v_{\text{ref}}}}(\boldsymbol{p}) - I_t^{v_{\text{ref}}}(\boldsymbol{p}) \right|, k \in \{t-1, t+1\} \tag{4-30}$$

式中，$\boldsymbol{p}$ 表示图像中的像素坐标；$\widehat{I_k^{v_{\text{ref}}}}$ 表示将第 k 帧的图像变换到第 t 帧得到的虚

拟视点图像。

　　另一项是深度平滑约束项，目的是在保留深度不连续边的同时使物体内部区域的深度趋于平滑。对估计的深度图，提取其二阶梯度作为平滑约束项：

$$L_{\mathrm{sm}} = \sum_{p} \left| \nabla \widehat{D^{v_{\mathrm{ref}}}}\left(\boldsymbol{p}\right) \right|$$

（4-31）

式中，∇ 是二阶梯度算子；$\widehat{D^{v_{\mathrm{ref}}}}$ 表示估计的深度图。

2. 基于无参考质量度量的损失函数

　　对生成的合成视点，可使用无参考的虚拟视点图像质量度量来评价它的质量。具体地，使用无参考图像质量度量的思想，利用卷积神经网络提取虚拟视点图像特征，然后将多层特征融合，最后训练一个全卷积的无参考质量度量网络 Q，将整个网络作为损失函数来优化虚拟视点合成结果。无参考质量度量网络 Q 的结构如图 4-24 所示。

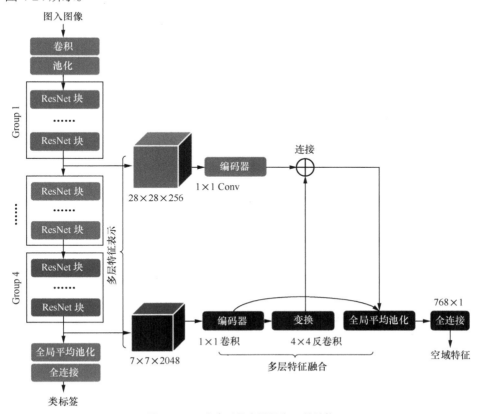

图 4-24　无参考质量度量网络 Q 的结构

具体来说，我们使用 Resnet-50 作为主骨网络，同时提取 Group 1 与 Group 4 输出的特征图。其中，Group 1 的特征图被认为能够表示局部失真，而 Group 4 的特征图被认为能够表示更大感受野的失真。将 Group 4 输出的特征图上采样，然后与 Group 1 输出的特征图融合，然后做全局平均池化，得到最终的特征表示。如第 2 章所述，几何失真易受其周围邻域的影响，而这里采用的特征池化方法能够将更大感受野下的特征与局部特征进行加权融合，从而实现提取几何失真上下文信息的作用。

对生成器得到的虚拟视点图像，我们将其送入无参考虚拟视点图像质量度量网络，并固定其可训练参数，通过网络输出质量预测值 $Q_{\text{objective}}$。由于所训练的无参考虚拟视点图像质量度量网络直接将主观评分归一化到区间 $[0,1]$，因此预测的虚拟视点视频质量评分也在 0 到 1 之间。其中，分数越接近 1，表示质量越好，反之亦然。将虚拟视点图像质量预测值作损失函数，通过使虚拟视点图像的质量预测值不断趋近于 1 来训练生成器，即可达到提升虚拟视点视觉感知质量的目的。注意：设计的无参考虚拟视点图像质量度量网络是全卷积的，满足梯度反向传播的需要。所设计的损失函数可表示为

$$L_{\text{blindSIQA}} = 1 - Q_{\text{objective}}\left(I_{t,\text{G}}^{v_{\text{vir}}}\right) \quad (4\text{-}32)$$

3. 基于虚拟视点图像与深度边缘对齐的结构损失函数

除无参考虚拟视点图像质量度量损失函数，本节方法还额外设计了基于虚拟视点图像与深度边缘对齐的结构损失函数来进一步惩罚空洞填补区域的整体结构失真。通过观察发现，空洞填补容易导致虚拟视点图像边缘的改变，尤其是对应物体边缘，容易出现模糊、鬼影等失真。为此，通过比较修补后的虚拟视点图像与深度图的边缘相似性来惩罚虚拟视点图像中由于模糊导致的结构信息丢失。不失一般性，可使用 SSIM 来评价两张边缘图的相似性。SSIM 本身是一个全参考图像质量度量指标，取值范围也在 0 到 1 之间，其中越接近 1，说明两张边缘图的结构越相似，对应虚拟视点图像中的整体结构失真程度越低。在这里我们直接比较修补后的虚拟视点图像与深度图，而不需要虚拟视点图像的真值。所设计的结构损失函数为

$$L_{\text{edgeSSIM}} = 1 - \text{SSIM}\left[L\left(I_{\text{G}}^{v_{\text{vir}}}\right), L\left(D_{\text{G}}^{v_{\text{vir}}}\right)\right] \quad (4\text{-}33)$$

式中，L 表示 Laplacian 算子，用于提取边缘。这里直接使用 4 个方向的 Laplacian 卷积核对输入图像卷积，因此可以直接嵌入深度网络中。

4. 对抗损失函数

为满足时空一致性判别器的训练需要，下面将经典的对抗损失函数改为如下
形式：

$$L_{D_{s,t}} = -\sum_k \ln D\left(\text{REF}, \text{IN}_{\text{ref}}\right) - \sum_k \ln\left(1 - D\left(\text{VIR}, \text{IN}_{\text{vir}}\right)\right),$$
$$k \in \{t-1, t, t+1\}$$

（4-34）

式中，$D\left(\text{REF}, \text{IN}_{\text{ref}}\right)$ 表示参考视点视频序列以及经过三维图像变换的虚拟视点视
频序列，二者以 50%的概率随机送入判别器中；$D\left(\text{VIR}, \text{IN}_{\text{vir}}\right)$ 表示对应虚拟视点
视频序列及经过三维图像变换的视频序列，同样以 50%的概率随机送入判别器。

4.2.4　实验结果与分析

1. 数据集

实验选用 3 个经典的 RGBD 数据集 NYU depth v2、KITTI odometry 以及
Monkaa 作为训练数据集。

NYU depth v2 包含单视点下的视频与深度真值。实验选择其中的 14 个场景，
将其中 9 个场景用于训练，剩余 5 个场景用于测试。具体地，将每一个场景（可
看作参考视点下的视频）变换到仅具有水平方向视差的虚拟视点下。不失一般性，
将水平方向的视差设为参考视点视频帧像素宽的 5%。训练用视频的总帧数约 7000
张。NYU depth v2 数据集是室内场景视频，其中代表性场景如图 4-25 所示。

图 4-25　NYU depth v2 数据集的代表性场景

KITTI 提供了立体图像数据集，包含左、右眼的颜色图与视差图。但由于其
中的每个场景仅包含少量图像，不能满足虚拟视点视频合成的需要。因此，实验
选择 KITTI odometry 数据集。KITTI odometry 数据集是室外行车场景视频，分时
段采集，其代表性场景如图 4-26 所示。KITTI odometry 数据集虽然没有提供双目

视频，然而却提供了当前视点下的相机参数。类似于 NYU depth v2 数据集，实验选择其中的 93 个场景作为训练集，另外 46 个场景用于测试。对每一个场景，设当前视点为参考视点，然后将其变换到仅具有水平方向视差的虚拟视点下。不失一般性，将水平方向的视差设为参考视点视频帧像素宽的 5%。训练用视频的总帧数约 1.2 万张。

图 4-26　KITTI odometry 数据集的代表性场景

SceneFlow 提供了立体视频与视差真值。实验选用其中的 Monkaa 数据集。Monkaa 数据集是计算机绘制的虚拟三维场景，共包含 8 个场景，其中代表性场景如图 4-27 所示。与前述两个数据集不同，这里将每个场景中的左眼对应的视频看作是参考视点视频，根据估计的深度值与相机参数，将其变换到右眼对应的视点下。实验选择其中 6 个场景作为训练集，剩余 2 个场景用于测试。训练用视频的总帧数约 6000 张。

图 4-27　Monkaa 数据集的代表性场景

由于本节方法既不需要深度真值，也不需要虚拟视点视频真值，难以充分地判断合成的虚拟视点视频的质量。为此，实验特别测试了虚拟视点视频的主观视觉质量，通过主客观结合的方法来比较本节方法与相关方法的性能。

2. 实验设置

（1）训练

为确保判别器稳定收敛，实验借鉴了 Yu 等[23]所提的训练方法，使用 WGAN-GP 的对抗损失函数。实际训练时，为减少可训练参数，实验分别训练了深度估计网

络与虚拟视点生成网络。对深度估计网络，最终损失函数为

$$L_{\text{depth}} = 1.0 \times L_{\text{geo}} + 0.4 \times L_{\text{sm}} + 0.2 \times L_{\text{pen}}$$ （4-35）

式中，L_{pen} 是正则化项，目的是惩罚深度为 0 的估计值。

在实际训练时，输入长度为 3 的视频片段 I_{t-1}，I_t，I_{t+1}，以 I_t 为目标视点，其余两帧为参考视点计算 L_{geo}；选用 Adam 优化器，并设置训练轮数为 100 000。

对虚拟视点生成网络，最终损失函数为

$$L_{\text{syn}} = 1.0 \times L_{\text{blindSIQA}} + 0.3 \times L_{\text{edgeSSIM}} + 0.01 \times L_{\text{D}_{s,t}}$$ （4-36）

在实际训练时，输入长度为 3 的视频片段，同样选用 Adam 优化器，并将训练轮数设为 24 000。在虚拟视点合成时，对估计的深度图作如下处理，转换为"视差值"：

$$\widehat{d_{ij}} = 0.5 \times \frac{z_{\max} - z_{\min}}{z_{ij} - z_{\min}}$$ （4-37）

式中，$z_{\max}$、$z_{\min}$ 分别是深度图中所有像素深度的最大值和最小值；z_{ij} 是当前像素的深度值。

实验在一块 NVIDIA GTX 1080 显卡上训练，整个网络训练耗时约 27 h。对训练好的模型，生成虚拟视点视频帧可以达到 5 帧/s。整个网络使用 Tensorflow 框架实现，其中 Tensorflow 是目前开源的深度学习第三方库。

（2）对比方法

实验主要比较以下两类方法。

① 基于几何的方法。对基于几何的方法，首先获取深度或视差，然后使用 DIBR 方法合成虚拟视点。所选用的 DIBR 方法包括 3.2 节表 3-11 的 A1 ~ A7。

② 基于学习的方法。对基于学习的方法，本节方法与 Deep3D[20]做了对比。该方法需要提供虚拟视点视频真值，而 NYU depth v2 与 KITTI odometry 不提供。因此，只能在 Monkaa 上比较与 Deep3D 的合成效果。

3. 对比实验结果

（1）单张图像合成效果

首先比较单张图像的合成效果。对基于几何的方法，实验直接使用数据集提供的深度图。对 Deep3D 和本节方法，则不需要深度图。为确保比较的公平性，对基于学习的方法，实验分别在不同的数据集上训练本节方法与 Deep3D。最终合成结果分别如图 4-28 ~ 图 4-30 所示。

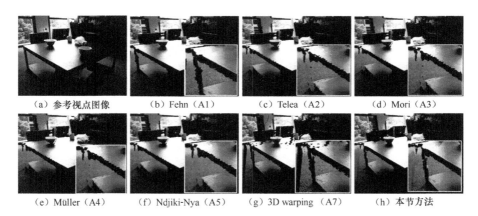

（a）参考视点图像　　　　（b）Fehn（A1）　　　　（c）Telea（A2）　　　　（d）Mori（A3）

（e）Müller（A4）　　　（f）Ndjiki-Nya（A5）　　　（g）3D warping（A7）　　　（h）本节方法

图 4-28　基于 NYU depth v2 数据集使用不同虚拟视点合成方法得到的结果

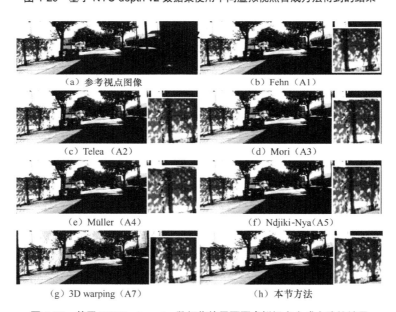

（a）参考视点图像　　　　　　　　　　　（b）Fehn（A1）

（c）Telea（A2）　　　　　　　　　　　（d）Mori（A3）

（e）Müller（A4）　　　　　　　　　　（f）Ndjiki-Nya（A5）

（g）3D warping（A7）　　　　　　　　　（h）本节方法

图 4-29　基于 KITTI odometry 数据集使用不同虚拟视点合成方法的结果

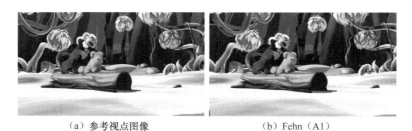

（a）参考视点图像　　　　　　　　　　（b）Fehn（A1）

图 4-30　针对 Monkaa 数据集使用不同虚拟视点合成方法的结果

（c）Telea（A2）　　　　　　　　　（d）Mori（A3）

（e）Müller（A4）　　　　　　　（f）Ndjiki-Nya（A5）

（g）Köpper（A6）　　　　　　　（h）3D warping（A7）

（i）Deep3D　　　　　　　　　　（j）本节方法

图 4-30　针对 Monkaa 数据集使用不同虚拟视点合成方法的结果（续）

　　如图 4-28 ~ 图 4-30 所示，本节方法在不同的数据集上均取得了较好的合成结果。以图 4-28 所示为例，基于几何的学习方法中，Fehn 等[19]对三维图像变换后空洞的填充，导致了虚拟视点图像中的结构失真，如图中的桌脚。而 Telea[25]、Mori 等[26]、Müller 等[27]和 Ndjiki-Nya 等[28]使用的图像修复方法，尤其是使用样本块匹配的纹理合成[25]或是基于偏微分方程的图像修复[10]等，容易导致空洞区域被不符合结构信息的像素，如背景像素填充。图 4-28（c）~（f）所示为上述方法的合成结果。可以看到，原本存在空洞的桌腿被背景像素填充，导致更加明显的失真。相比之下，本节方法能够较好地推断出虚拟视点中空洞区域的结构信息，合成效果与 Fehn[19] 所用方法接近。由于 Köppel 等[29] 的方法需要依赖前后帧信息推断场景中的背景，然后指导空洞区域的填补，实验只在 Monkaa 数据集上对比了该方法。如图 4-30 所示，Köppel 等[29] 的方法处理小空洞的结果很好，但是虚拟视点图像边界处的大空洞的填补效果并不是很理想。此外，该方法主要利用背景像素来填充空洞区域，会导致合成结果偏向模糊。图 4-30 所示为 Deep3D[20] 的合成效果。可以看到，本节方法与 Deep3D 在 Monkaa 数据集上的表现相近。然而，Deep3D 中使用的像素误差损失函数容易导致合成结果的模糊化。此外，本节方法不具有既不需要几何信息（深度），也不需要虚拟视点的真值图像参与训练的优点。

① 客观度量

为说明本节方法的有效性，实验使用典型的图像质量度量指标来量化比较不同方法合成的图像的质量，所选用的图像质量度量指标包括全参考质量度量指标 MSE、SSIM、3DswIM 以及无参考质量度量指标 NIQSV+、APT。在所选用的数据集中，只有 Monkaa 数据集提供了虚拟视点真值图像。因此，实验只展示了上述质量度量指标在 Monkaa 数据集上的实验结果。

具体实验方法如下，首先选取 Monkaa 数据集的 3 个场景，即 A rain of stone、Family 和 Treeflight，分别使用基于几何的方法（A1 ~ A7），Deep3D 以及本节方法得到虚拟视点图像。然后使用上述指标对所得的所有虚拟视点图像进行质量预测。对每个度量指标，计算每一类方法得到的虚拟视点图像的质量评分的均值，然后按照质量评分从高到低（对应质量度量结果从好到差）进行排序。最终，不同的图像质量度量指标对虚拟视点合成方法的评价排序如图 4-31 所示。

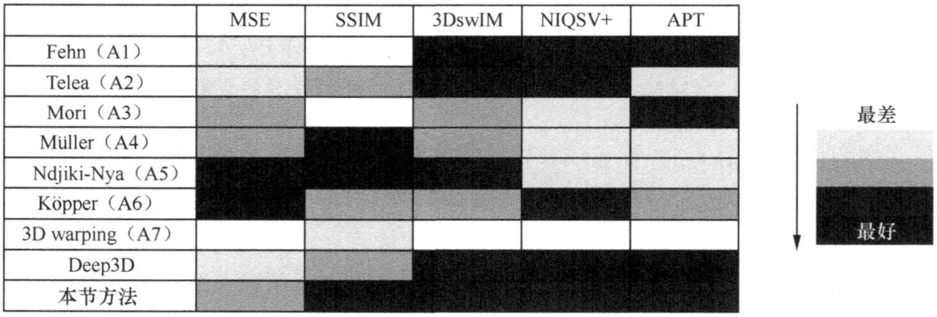

图 4-31　不同的图像质量度量指标对虚拟视点合成方法的评价排序

如图 4-31 所示，不同图像质量度量指标对虚拟视点图像的排序中，本节方法的综合表现较好。在无参考质量度量指标 NIQSV+ 与 APT 的表现上略逊于 Deep3D。其主要原因是 Deep3D 是通过对参考视点图像中像素的卷积直接得到虚拟视点图像，虚拟视点图像更加平滑。然而，在全参考质量度量指标上，例如 SSIM、3DswIM 上，本节方法优于 Deep3D，盖因本节方法隐式地实现了三维图像变换，对参考视点中的场景结构信息保留较好。

② 主观评价

为进一步说明本节方法合成结果的视觉质量，实验还邀请 15 名观察者对虚拟视点图像进行评价。主观实验采用成对比法，实验方法如下：

首先，从 Monkaa 数据集中选取 3 个场景，共 3 张图像作参考视点图像。对每一张参考视点图像，分别使用上述 9 种虚拟视点合成方法产生同一虚拟视点下的虚拟视点图像，共 27 张。在主观实验时，屏幕上一次同时展示两张同一场景，但是经由不同虚拟视点合成方法得到的虚拟视点图像，共展示 $3 \times C_9^2 = 108$ 组。每组播放 10 s，相邻两组间隔 5 s。观察者需要从两张图像中选择一张自己认为质量更好的。最终，实验统计所有 108 组图像中观察者选择的虚拟视点图像。实验结果如图 4-32 所示。

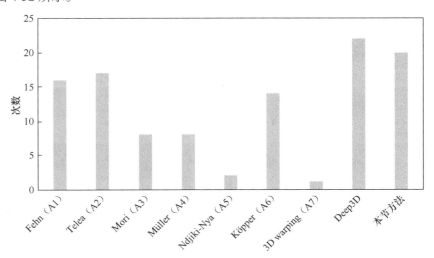

图 4-32　不同虚拟视点合成方法的主观评价平均结果

对每个场景来说，同一个方法对应的虚拟视点图像共出现 8 次。因此，在所有测试序列中，每一种方法共出现 24 次。如图 4-32 所示，本节方法平均有 20 次被观察者认为更优，仅次于 Deep3D 的 22 次。在所有 27 张虚拟视点图像中，本节方法虚拟视点图像的偏好比约为 18.5%，次于 Deep3D（约为 20.4%），优于其他方法。这主要得益于所设计的视觉感知损失函数以及生成式对抗网络结构。自对比实验部分将进一步讨论本节方法的不同设计策略对合成结果的影响。

（2）图像序列合成效果

在自对比实验之前，进一步比较本节方法与其他方法在时域上的表现。实验选取 Monkaa 数据集中的场景，分别使用上述方法和本节方法生成同一虚拟视点下的虚拟视点视频。图像序列合成结果如图 4-33 所示。

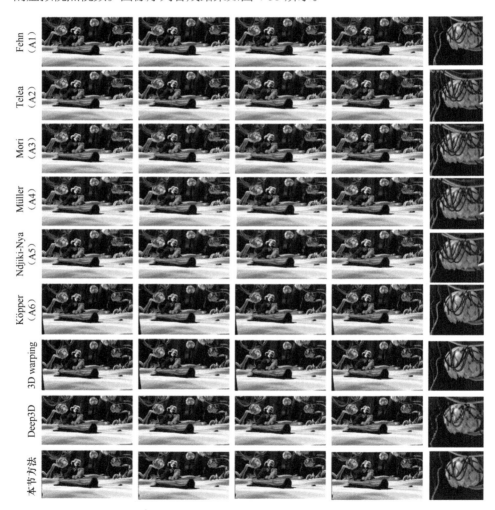

图 4-33　基于 Monkaa 数据集使用不同虚拟视点合成方法的虚拟视点视频

可以看到，相较其他方法而言，本节方法生成的虚拟视点视频的视觉感知质量较好，填补后的空洞区域在前后帧上的变化更合理。如图 4-33 所示，Fehn[19]所提方法在填补空洞后引入的拉伸效应在单张虚拟视点图像中不易被察觉，但是填补区域在前后帧之间色块不一致，导致该失真在时域上容易察觉；Telea[25]、Mori[26]、Müller[27]、Ndjiki-Nya[28]（A2 ~ A5）等基于图像修复的方法或依赖背景像素填充空洞区域，或使用样本块匹配在帧内寻找最优候选块，导致前后帧的填补区域发生明显变化。例如，图 4-33 所示右侧的藤蔓，在相邻两个时刻的变化很大，容易被察觉；Köppel 等[29]考虑了帧间关系，因此相邻两帧的空洞填补区域趋于一致。然而，该方法首先使用平均聚类的方法对场景的背景建模，然后使用背景像素填充空洞区域，使填充后的区域变得模糊。此外，这种方法对面积较大的空洞的填充效果不好。

在基于学习的方法中，Deep3D 考虑了时域的像素误差，相邻帧的失真变化较为一致。然而，如前所述，基于像素误差的损失函数倾向于使网络生成时域变化较少的帧。如图 4-31 所示，由 Deep3D 生成的视频比较模糊。由于引入了时空域一致性的判别器，本节方法生成的视频在保持空域细节的同时，也保持了相邻帧之间变换的一致性。

对单张图像，实验也组织了 15 名观察者对不同方法生成的虚拟视点视频进行主观评价。为更加准确地采集观察者对时域失真的评价，实验没有采用成对对比法，而是采用类似图像主观数据集构造时使用的单刺激法。所选用的测试序列包括 Monkaa 数据集中的 3 个场景，即 A rain of stone、Family 与 Treeflight。每段测试序列长度均为 150 帧。对每段测试序列，使用上述 9 种方法得到同一虚拟视点下的虚拟视点视频，共 27 段。测试时，每段视频播放 6 s，相邻两段视频之间填充 5 s 的灰度场。

所有观察者评价完成后，我们通过 β_2 测试筛掉异常评分，然后对每一类方法，计算该方法对应所有虚拟视点视频评分的平均值。最后，按照平均值从高到低排序。平均值越高，表示该方法对应的虚拟视点视频的主观评分越高。实验结果如表 4-12 所示。

表 4-12　不同方法得到的虚拟视点视频的主观评分均值

方法	A1	A2	A3	A4	A5	A6	A7	Deep3D	本节方法
主观评分均值	3.07	2.6	2.33	2.33	1.87	1.73	1.27	3.2	3.27

如表 4-11 所示，本节方法生成的虚拟视点视频对应的主观评分平均值最高、其次是 Deep3D。

4. 自对比实验

为进一步说明本节方法的有效性，实验还设计了 31 组自对比实验。

（1）深度估计

首先，验证深度估计网络对合成效果的影响。实验保持网络其他部分不变，对深度估计部分，分别使用两种策略：① 本节方法，即端到端地实现虚拟视点合成，其中深度估计部分是可训练的；② 深度预训练——使用基于学习的方法[30]来直接获取参考视点的深度。为比较两种策略的有效性，实验从训练好的模型可视化估计的深度图，结果如图 4-34 所示。图 4-34（a）所示为参考视点图像，图 4-34（b）所示为本节方法估计的深度图，图 4-34（c）所示为 Eigen 等[30]所提方法估计的深度图。

　（a）参考视点图像　　　　　（b）本节方法估计的深度图　　　（c）Eigen等[30]所提方法估计的深度图

图 4-34　不同的深度估计策略得到的深度图

如图 4-34 所示，本节方法能够较好地估计出场景中透明介质，如玻璃、墙壁等弱纹理区域的深度。Eigen 等[30]所提方法估计得到的深度图在上述区域存在错误。此外，本节方法估计的深度图中，物体边缘噪声较少；相比之下，Eigen 等[30]所提方法得到的深度图中物体边缘不清晰，对后续虚拟视点合成影响很大。这主要是因为本节方法使用了基于几何一致性的约束与平滑约束来优化深度估计的结果。

图 4-35 所示为采用不同的深度估计策略生成的虚拟视点图像。图 4-35（a）所示为参考视点图像，图 4-35（b）所示为分别使用本节方法与 Eigen 等[30]所提方法得到的虚拟视点图像初始解，图 4-35（c）所示为使用本节方法生成的虚拟视点图像，图 4-35(d)所示为使用 Eigen 等[30]所提方法生成的虚拟视点图像。如图 4-35所示，Eigen 等[30]所提方法生成的虚拟视点图像中几何失真更加明显。

（a）参考视点图像　　（b）虚拟视点图像初始解　　（c）本节方法生成的　　（d）Eigen等[30]所提方法生成的
　　　　　　　　　　　　　　　　　　　　　　　　　虚拟视点图像　　　　　　虚拟视点图像

图 4-35　不同的深度估计策略生成的虚拟视点图像

（2）损失函数

这一部分主要验证所设计的生成器损失函数对最终合成效果的影响。实验保持网络其他部分不变，而更改生成器的损失函数。为更加充分地对比本节方法与有监督方法，实验额外测试了虚拟视点真值已知条件下 L_1 损失函数与 SSIM 损失函数的作用。L_1 损失函数与 SSIM 损失函数的计算方式分别为

$$L_{L_1} = \sum_{x,y} \left| I(x,y) - \hat{I}(x,y) \right| \tag{4-38}$$

$$L_{L_{SSIM}} = \sum_{x,y} \left| 1 - SSIM(I(x,y), \hat{I}(x,y) \right| \tag{4-39}$$

式中，(x,y) 表示图像中像素的位置。基于 KITTI 数据集使用不同损失函数得到的最终虚拟视点图像如图 4-36 所示。图 4-36（a）所示为含有空洞的虚拟视点图像初始解，图 4-36（b）所示为只使用视觉感知损失函数 $L_{blindSIQA}$ 的结果，图 4-36（c）所示为同时使用损失函数 $L_{blindSIQA}$ 与 $L_{edgeSSIM}$ 的结果。

（a）含有空洞的虚拟视点图像初始解　　　　（b）$L_{blindSIQA}$　　　　　　（c）$L_{blindSIQA} + L_{edgeSSIM}$

图 4-36　基于 KITTI 数据集使用不同的损失函数组合得到的虚拟视点图像

　　首先，只使用视觉感知损失函数 $L_{blindSIQA}$ 能够较好地推断出虚拟视点图像空洞区域的像素，如图 4-36（b）所示，可以看到，图像边界处的大面积空洞填充效果与周围区域趋于一致。然而，只使用 $L_{blindSIQA}$ 时，填充区域的边界有可能存在一些类似块效应的失真。这主要是因为在训练虚拟视点合成网络时，只更新了初始虚拟视点图像中的空洞区域而没有更新整张图像。这样做的好处是加速了网络收敛，缺点是有可能导致空洞区域边界与其相邻区域的结构不一致。而引入结构一致性损失函数 $L_{edgeSSIM}$ 能较好地弥补只使用损失函数 $L_{blindSIQA}$ 的不足。如图 4-36（c）所示，同时使用二者得到的虚拟视点图像视觉效果较好。尤其是左下角的大面积空洞区域，在保持填充区域与周围邻域颜色一致的同时，很好地恢复了空洞区域中的结构信息，如马路等。实验并没有给出单独使用损失函数 $L_{edgeSSIM}$ 的实验结果，盖因在实际训练时，只使用损失函数 $L_{edgeSSIM}$ 容易导致判别器的模式崩溃。

　　作为对比，实验测试了有监督条件下的各种损失函数对于虚拟视点图像视觉质量的影响。以 Monkaa 数据集为例，实验从左视点图像生成右视点图像，保持网络其他部分不变，在有右视点真值图像作为监督信息的条件下，通过优化像素误差损失函数 L_1 与结构一致性损失函数 L_{SSIM} 来训练网络。图 4-37（a）所示为使用本节方法生成的虚拟视点图像；图 4-37（b）所示为有监督条件下使用损失函数 L_1 训练模型的测试结果；图 4-37（c）所示为有监督条件下使用损失函数 L_{SSIM} 训练模型的测试结果。如图 4-37 所示，损失函数 L_1 会导致合成结果中出现模糊。相比之下，使用损失函数 L_{SSIM} 能够较好地保持空洞区域的结构。

（a）本节方法生成的虚拟　　（b）有监督条件下使用损失函数　（c）有监督条件下使用损失函数 L_{SSIM}
　　视点图像　　　　　　　　　　L_1 训练模型的测试结果　　　　训练模型的测试结果

图 4-37　基于 Monkaa 数据集在有/无监督条件下得到的虚拟视点图像

（3）时空一致性判别器

　　实验最后测试了时空一致性判别器对最终合成结果的影响。同样保持网络其他部分不变，分别测试不使用时空一致性判别器而使用监督数据以及使用本节方法提出的时空一致性判别器的情形。对于有监督条件，类似 Deep3D 的实验方案，保持了网络其他部分不变，使用帧内像素误差损失函数 $L_{1,s}$ 与帧间像素误差损失函数 $L_{1,t}$ 来优化合成结果，所选用的损失函数 L_{super} 为

$$L_{super} = \alpha L_{1,s} + \beta L_{1,t} \tag{4-40}$$

式中，α、β 系数为经验取值，通过实验获取。实验结果如图 4-38 所示。

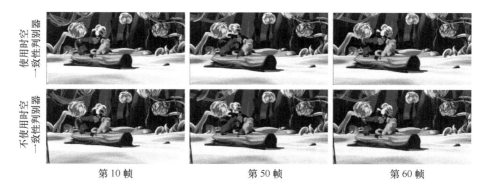

图 4-38　使用本节方法与有监督的生成网络损失函数得到的虚拟视点视频

可以看到，使用监督数据时，生成器倾向于使用简单的几何结构来推断虚拟视点图像中的空洞区域，从而导致合成结果在时空域上趋于平滑，但视频在帧内和帧间均呈现出一定程度上的模糊失真。而时间一致性判别器会通过比较虚拟视点图像与参考视点图像的空域信息，惩罚生成器的这一种趋势。

｜参考文献｜

[1]　MARK W R, MCMILLAN L, BISHOP G. Post-rendering 3D warping [C]//1997 Symposium on Interactive 3D Graphics. New York: ACM, 1997: 7-16.

[2]　BAO P, GOURLAY D. A framework for remote rendering of 3-D scenes on limited mobile devices[J]. IEEE Transactions on Multimedia, 2006, 8(2): 382-389.

[3]　SHI S, NAHRSTEDT K, CAMPBELL R. A real-time remote rendering system for interactive mobile graphics[J]. ACM Transactions on Multimedia Computing, Communications, and Applications, 2012, 8(3s): 1-20.

[4] YANG X K, LING W S, LU Z K, et al. Just noticeable distortion model and its applications in video coding[J]. Signal Processing: Image Communication, 2005, 20(7): 662-680.

[5] PAJAK D, HERZOG R, EISEMANN E, et al. Scalable remote rendering with depth and motion-flow augmented streaming[C]//Computer Graphics Forum. Oxford, UK: Blackwell Publishing Ltd, 2011, 30(2): 415-424.

[6] MARTINIAN E, BEHRENS A, XIN J, et al. View synthesis for multiview video compression[C]//2006 Picture Coding Symposium. Piscataway, USA: IEEE, 2006, 37: 38-39.

[7] TIAN D, LAI P L, LOPEZ P, et al. View synthesis techniques for 3D video[C]//Applications of Digital Image Processing XXXII. Bellingham, USA: SPIE, 2009, 7443: 233-243.

[8] AHN I, KIM C. A novel depth-based virtual view synthesis method for free viewpoint video[J]. IEEE Transactions on Broadcasting, 2013, 59(4): 614-626.

[9] SCHARSTEIN D, SZELISKI R. Stereo matching with nonlinear diffusion[J]. International Journal of Computer Vision, 1998, 28(2): 155-174.

[10] CRIMINISI A, BLAKE A, ROTHER C, et al. Efficient dense stereo with occlusions for new view-synthesis by four-state dynamic programming[J]. International Journal of Computer Vision, 2007, 71(1): 89-110.

[11] MAYER N, ILG E, HAUSSER P, et al. A large dataset to train convolutional networks for disparity, optical flow, and scene flow estimation[C]//2016 IEEE Conference on Computer Vision and Pattern Recognition. Piscataway, USA: IEEE, 2016: 4040-4048.

[12] CHEN S E, WILLIAMS L. View interpolation for image synthesis[C]//The 20th Annual Conference on Computer Graphics and Interactive Techniques. New York: ACM, 1993: 279-288.

[13] ZITNICK C L, KANG S B, UYTTENDAELE M, et al. High-quality video view interpolation using a layered representation[J]. ACM Transactions on Graphics, 2004, 23(3): 600-608.

[14] YAMAMOTO K, KITAHARA M, KIMATA H, et al. Multiview video coding using view interpolation and color correction[J]. IEEE Transactions on Circuits and Systems for Video Technology, 2007, 17(11): 1436-1449.

[15] SEITZ S M, DYER C R. View morphing[C]//The 23rd Annual Conference on Computer Graphics and Interactive Techniques. New York: ACM, 1996: 21-30.

[16] CHAN S C, SHUM H Y, NG K T. Image-based rendering and synthesis[J]. IEEE Signal Processing Magazine, 2007, 24(6): 22-33.

[17] FLYNN J, NEULANDER I, PHILBIN J, et al. Deepstereo: learning to predict new views from the world's imagery[C]//2016 IEEE Conference on Computer Vision and Pattern Recognition. Piscataway, USA: IEEE, 2016: 5515-5524.

[18] ZHOU T, BROWN M, SNAVELY N, et al. Unsupervised learning of depth and ego-motion from video[C]//2017 IEEE Conference on Computer Vision and Pattern Recognition. Piscataway, USA: IEEE, 2017: 1851-1858.

[19] FEHN C. Depth-image-based rendering (DIBR), compression, and transmission for a new approach on 3D-TV[C]//Stereoscopic Displays and Virtual Reality Systems XI. Bellingham, USA: SPIE, 2004, 5291: 93-104.

[20] XIE J, GIRSHICK R, FARHADI A. Deep3D: fully automatic 2D-to-3D video conversion with deep convolutional neural networks[C]//European Conference on Computer Vision. Cham: Springer, 2016: 842-857.

[21] MAHJOURIAN R, WICKE M, ANGELOVA A. Unsupervised learning of depth and ego-motion from monocular video using 3D geometric constraints[C]//2018 IEEE Conference on Computer Vision and Pattern Recognition. Piscataway, USA: IEEE, 2018: 5667-5675.

[22] IIZUKA S, SIMO-SERRA E, ISHIKAWA H. Globally and locally consistent image completion[J]. ACM Transactions on Graphics, 2017, 36(4): 1-14.

[23] YU J, LIN Z, YANG J, et al. Free-form image inpainting with gated convolution[C]//2019 IEEE/CVF International Conference on Computer Vision. Piscataway, USA: IEEE, 2019: 4471-4480.

[24] XIE Y, FRANZ E, CHU M, et al. Tempogan: a temporally coherent, volumetric gan for super-resolution fluid flow[J]. ACM Transactions on Graphics, 2018, 37(4): 1-15.

[25] TELEA A. An image inpainting technique based on the fast marching method[J]. Journal of Graphics Tools, 2004, 9(1): 23-34.

[26] MORI Y, FUKUSHIMA N, YENDO T, et al. View generation with 3D warping using depth information for FTV[J]. Signal Processing: Image Communication, 2009, 24(1-2): 65-72.

[27] MÜLLER K, SMOLIC A, DIX K, et al. Reliability-based generation and view synthesis in layered depth video[C]//2008 IEEE 10th Workshop on Multimedia Signal Processing. Piscataway, USA: IEEE, 2008: 34-39.

[28] NDJIKI-NYA P, KOPPEL M, DOSHKOV D, et al. Depth image-based rendering with advanced texture synthesis for 3-D video[J]. IEEE Transactions on Multimedia, 2011, 13(3): 453-465.

[29] KÖPPEL M, NDJIKI-NYA P, DOSHKOV D, et al. Temporally consistent handling of disocclusions with texture synthesis for depth-image-based rendering[C]//2010 IEEE International Conference on Image Processing. Piscataway, USA: IEEE, 2010: 1809-1812.

[30] EIGEN D, PUHRSCH C, FERGUS R. Depth map prediction from a single image using a multi-scale deep network[J]. Advances in Neural Information Processing Systems, 2014, 27: 1-9.

随着 3DTV、自由视点视频、交互式三维远程绘制等应用的不断发展与广泛使用，虚拟视点图像质量度量及其应用越来越成为研究热点。本章总结了本书的主要内容，并对虚拟视点图像质量度量未来的发展和研究趋势进行了介绍。

| 5.1　总结 |

随着近年来以用户为中心的系统设计理念的兴起，如何在保证用户视觉感知质量的前提下，优化 DIBR 系统的各个环节，从而提升用户体验以及系统服务质量，是目前工业界与学术界共同关心的问题。因此，本书从设计符合用户主观视觉感知的无参考虚拟视点图像质量度量方法出发，进而探索如何将虚拟视点图像质量度量的思想反过来应用于 DIBR 系统中，以提升 DIBR 系统性能。

5.1.1　虚拟视点图像质量度量总结

1. 无参考虚拟视点图像质量度量方法

虚拟视点图像是由参考视点深度图像使用虚拟视点合成技术生成的，其中存在的几何失真往往位于场景中物体的边缘，具有非一致性、局部性的特点，与传统图像失真类型不同。因此，已有的图像质量度量方法在虚拟视点图像数据集上的质量预测性能较差。同时，虚拟视点图像质量度量方法依赖手工设计的特征，在实际应用中表现仍显不足。

因此，针对图像中的局部失真，本书首先介绍了利用深度卷积神经网络来提取图像块特征的方法。为解决图像块预测得分与图像整体得分的不一致，本书介绍了视觉权重图，通过 CNN 在已有数据集上训练，然后对失真图像预测其视觉权重图，再将视觉权重图对图像块得分进行加权，从而得到符合人对局部失真感知的无参考质量度量指标；接着，本书又通过观察局部几何失真与用户视觉感知的关系，设计了图像局部显著度，对提取到的图像局部特征加权，训练了一个基于图像局部显著度的质量度量模型。一个新的虚拟视点图像数据集被设计用于减少训练偏差。

上述两类方法思路类似，都是通过两阶段的训练实现了高精度的无参考图像质量度量。为满足实际应用对于实时性、轻量化的要求，本书还介绍了一种多尺度特征融合的端到端无参考图像质量度量模型，以及基于 JND 的无参考图像质量度量模型。前者精度相对较高，并且可以直接嵌入神经网络中，因此被用于参考视点的动态背景建模以及虚拟视点合成中；后者计算简单，易于并行化，实时性高，因此被用于参考视点深度图像的传输控制中。

2. 无参考虚拟视点视频质量度量方法

在 DIBR 的实际应用，如 3DTV、自由视点视频等中，虚拟视点图像除遭受虚拟视点合成引入的几何失真，还受到由于参考视点深度图像有损编码引入的量化失真。后者往往均匀地分布在图像中，与几何失真的表现特点不同。此外，在实际应用中，往往还要考虑虚拟视点的时域失真。因此，已有的虚拟视点图像特征表示方式并不能完全表示虚拟视点视频中的复合失真。针对这个问题，本书首先介绍了面向虚拟视点视频复合失真的多模态特征表示方式。具体来说，分别使用基于三维剪切波变换的频域统计特征、基于深度预训练模型的空域特征以及基于深度预训练模型的时域特征来表征虚拟视点视频的时空域几何失真；为满足质量度量网络训练需要，本书还介绍了基于注意力的特征聚合方式，将上述来自不同模态的特征汇聚起来，最终学习到一个质量度量回归模型。同样地，一个包含复合失真的虚拟视点视频数据集被建立以减少训练偏差。实验结果表明，本书所提方法在公开数据集，以及新建数据集上均取得了较好的质量预测性能。

5.1.2 虚拟视点图像质量度量的应用总结

1. 参考视点处理

现有的背景建模，大多在核心的自相似性的检测函数上关注全局的特征，即当前帧的颜色等特征与背景模型中的相对应特征之间的距离。这种方法在面对动态背景时表现较差。本书针对这一问题，介绍了一种基于动态背景建模的参考视点处理方法。对于参考视点视频，利用动态背景建模，将其分为前景部分与背景部分。对前景部分，利用神经网络实现虚拟视点视频的生成。在客户端上，合成的前景部分与背景部分进行融合，最终得到目标视点下的视频。为确保前后背景合成效果，本书介绍了多尺度融合的无参考虚拟视点图像质量度量方法，提升了合成效果的视觉感知质量。

2. 深度图像传输

在 DIBR 系统中，服务器端需要根据客户端的用户交互，连续地预测参考视点并传输相应的深度图像，给服务器与网络带来极大的绘制负载与带宽占用。基于虚拟视点图像误差的方法通过比较虚拟视点图像与对应原始无损伤图像的像素误差来减少不必要的深度图像传输，减少了系统的传输开销。然而，该方法需要原始无损伤的图像。同时，像素误差也并不能保证虚拟视点图像视觉质量的一致性。为此，本书介绍了基于无参考虚拟视点图像质量度量的深度图像传输方法。首先，根据提出的虚拟视点图像质量度量指标构建多尺度的参考视点集；其次，在运行时根据客户端的虚拟视点图像质量度量结果以及可用带宽，动态地选择参考视点并确定参考视点深度图像的传输时机。与已有方法相比，本书介绍的方法构建的参考视点集更加稀疏，参考视点深度图像传输频率更低，而且传输数据量减少。同时，虚拟视点图像质量度量则能确保客户端的视觉质量始终满足一定的需求。

3. 虚拟视点合成

在 DIBR 的交互式应用中，需要根据参考视点推断出任意虚拟视点的图像或视频。而在实际应用中，参考视点下场景的三维结构信息往往是很难获取的；此外，现有虚拟视点合成技术生成的虚拟视点图像中存在严重的几何失真，需要进行高复杂度的图像后处理。近年来，基于学习的虚拟视点合成方法试图学习参数化的从参考视点到虚拟视点的像素变换，然而训练过程依赖虚拟视点下的原始无损伤数据。为此，在综合传统 DIBR 技术以及基于学习的方法基础上，本书介绍了一种基于视觉感知的无监督虚拟视点合成方法。首先，将生成式对抗网络嵌入虚拟视点合成过程中，通过隐式地估计参考视点深度以及可微分的三维图像变换，端到端地实现了无监督的虚拟视点合成；其次，提出了基于无参考虚拟视点图像质量度量的视觉感知损失函数，以确保虚拟视点的视觉质量。实验结果表明，本书介绍的方法在没有场景几何信息以及虚拟视点监督信息的条件下，能生成符合用户视觉感知的虚拟视点图像/视频。

|5.2　展望|

虚拟视点图像作为一种新型可视媒体，随着 3DTV、自由视点视频，以及交互式三维图形应用的普及而逐渐受到研究人员的关注。与传统图像相比，虚拟视点图像的生成方式以及失真表现均有独特之处。因此，传统的图像质量度量方法在虚拟视点图像数据集上表现往往不理想。通过分析虚拟视点图像中的失真类型以及失真特点，设计符合用户主观视觉感知的无参考虚拟视点图像质量度量指标，对提升 DIBR 相关应用的性能有重要作用。然而，由于虚拟视点图像中的几何失真本身具有非一致性、局部性的特点，难以使用参数化模型表示；同时，实际应用中的虚拟视点图像中还混杂有量化失真，以及上述失真的时域扩展等。因此，如何准确、全面地表征虚拟视点图像失真，并据此建立主客观一致的无参考虚拟视点图像质量度量指标，是目前学术界的研究热点。

在本书的工作基础上，未来可以继续在以下几个方面开展研究。

（1）面向移动终端的轻量级图像质量度量方法

第 3 章介绍了基于局部显著度的无参考虚拟视点图像质量度量方法，该方法虽然在虚拟视点图像数据集上取得了较好的预测性能，然而难以直接应用在中低端的移动终端上。主要原因是所提出图像局部显著度的计算较为耗时。因此，未来的工作可以考虑将图像局部显著度的计算过程深度网络化。具体来说，将现有无参考虚拟视点图像质量度量网络拓展为多任务网络，在提取虚拟视点图像块特征图的同时，得到对应的局部显著度图；然后将得到的特征图与局部显著度图卷积，就可得到最终的预测结果。通过上述方法，可以端到端地实现无参考虚拟视点图像质量度量，以满足移动终端迁移的需要。

（2）面向虚拟视点视频复合失真的紧致的特征表示方式

本书介绍了用多模态特征来表示虚拟视点视频中的复合失真的方法。然而，所选用的特征之间仍存在一定的耦合性。例如，深度卷积神经网络提取的时空域局部特征在一定程度上也反映了视频中的几何失真，与基于剪切波变换的频域统计特征之间可能存在相关性。通过设计更加紧致的虚拟视点视频特征表示方式，能够进一步减少网络的可训练参数，使质量度量指标具有可扩展性。此外，还可

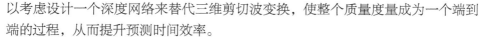

以考虑设计一个深度网络来替代三维剪切波变换，使整个质量度量成为一个端到端的过程，从而提升预测时间效率。

（3）面向双目视频的质量度量方法的扩展

目前相关的研究对象仍限制在单视点下，即从参考视点生成的某一虚拟视点的图像或视频。在实际应用中，往往从参考视点生成左右眼立体视频。用户则可通过佩戴立体眼镜、可穿戴头盔等显示设备观看双目视频。在这种应用场景下，左右眼的视频有一路或两路是由 DIBR 技术生成的，存在虚拟视点图像失真。考虑双目视觉的视觉感知特点（如深度感、双目竞争等），如何通过设计某一路或两路虚拟视点视频的特征表示，建立符合用户主观视觉感知的质量度量指标，是未来的一个研究方向。